齋藤勝裕――著

日刊工業新聞社

はじめに

『数学フリーの化学』シリーズ第六弾の『数学フリーの分析化学』をお届けします。

本シリーズはその標題の通り『数学フリー』すなわち、数学を用いない、数学が出てこない化学の解説書です。化学は科学の一種です。科学の共通言語は数学です。科学では複雑な現象の解析、その結果の記述を数学、数式を用いて行います。化学も同様です。

しかし、化学には化学独特の解析、表現手段があります。それが化学式です。化学式とそれを解説する文章があれば、数式を用いた解説と同等の内容を表現することができます。本書はこのような化学の特殊性を最大限に生かして、数学なしで化学の全てを解説しようとする画期的な本です。

『分析化学』は化学の基礎を支える研究分野です。それだけに分析化学には化学のほとんど全ての分野の知識が入り込んでいます。無機化学はもとより、有機化学物理化学等々です。特に重要なのが物理化学の溶液論の分野です。この分野は原理的に組織立っており、見通しのよい理論から成り立っています。しかし、それを個々の現象に応用しようとすると、いろいろと細かい問題が起こってきます。それを実際に即して解決するのが分析化学の役割なのです。

それだけに、このような分析化学的の分野を研究するには、数学なしでは務まりません。特に溶液論、反応速度論、キレート化合物の構造、反応の理解には応用数学の深い理解がないと十分な研究はできません。

本書は「高校化学の無機物質」の部分の「分析化学」に相当する部分を「無難になぞる」ことを目的としたものではありません。もちろん、高校化学を復習することから始めますが、行き着く先は現代分析化学の最先端の紹介と理解です。そのためには本来ならば、高等数学を使いこなす数学の深い知識がないと困難です。本書の標題を『数学フリーの分析化学』としたのは、数学の助けを借りることなしに分析化学の全体像、更には最先端の分析化学をも紹介したということを強調したいためなのです。

しかし、本書を読むのに基礎知識は一切必要ありません。必要なことは全て本書の中に書いてあります。しかも、数学は全く用いません。みなさんは本書に導かれるままに読み進んでください。そうすれば、ご自分で気づかないうちにモノスゴイ知識が溜まってくるはずです。そしてきっと「分析化学は面白い」と思われるでしょう。それこそが、著者の望外な喜びです。

最後に本書の作製に並々ならぬ努力を払って下さった日刊工業新聞社の鈴木徹氏、並びに参考にさせて頂いた書籍の出版社、著者に感謝申し上げます。

2016年12月　齋藤　勝裕

数学フリーの「分析化学」

第4章 定性分析 037

第5章 重量分析 049

第6章 容量分析 061

第7章 電気化学分析 077

第1章

溶液と濃度

化学反応は気体、液体、固体、どのような状態でも進行します。しかし、最も多くの化学反応が進行するのは液体状態です。生物の生命を支える生化学反応も液体状態での反応です。液体とは溶液のことです。そしてそこで大切なのは濃度です。

溶解と溶液

複数種類の成分からなる液体を溶液といいます。多くの化学反応は溶液状態で起こります。そのため、液体、溶液の性質は化学にとって非常に重要です。

1 溶質と溶媒

溶液を作るときに液体に溶ける物質を溶質といい、物質を溶かす液体を溶媒といいます。砂糖水なら砂糖（ショ糖）が溶質、水が溶媒です。溶質は固体（結晶）とは限りません。お酒ならエタノール（液体）CH_3CH_2OH が溶質であり、炭酸水なら炭酸ガス（二酸化炭素、気体）CO_2 が溶質です。普通の水には空気が溶質として溶けています。

2 溶媒和

一般的には“小麦粉を水に溶かす”といいますが、化学的に見た場合、小麦粉は水に溶けません。水に混じるだけです。

化学的に溶けるという場合、次の二つの条件が必要です。

①溶質が1分子ずつバラバラになる。

②1分子ずつになった溶質分子が多数個の溶媒分子に囲まれる。これを溶媒和といい、溶媒が水の場合は特に水和という。

小麦粉の場合、小麦粉は小麦を細かく砕いただけのものであり、無数といってよいほどたくさんのデンプン分子の集合体です。水に入れたからといって1分子ずつバラになることはありませんし、したがって溶媒和することもありません。

3 水和状態

溶媒和の状態を、水和を例にして見てみましょう。水分子 H–O–H はイオン性であり、水素 H がプラスに〔記号：$\delta+$（デルタの小文字）〕、酸素 O がマイナス（$\delta-$）に荷電しています。そのため、水分子は溶質分子の $\delta+$ 部分には O で、$\delta-$ 部分には H を使って静電引力によって結合します。

溶質が非イオン性の場合にはファンデルワールス力で結合します。

図１　砂糖水（溶液）における溶質と溶媒の関係

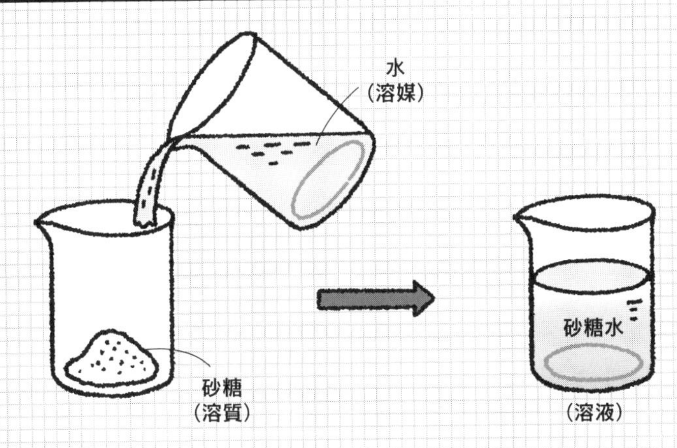

図２　水和状態

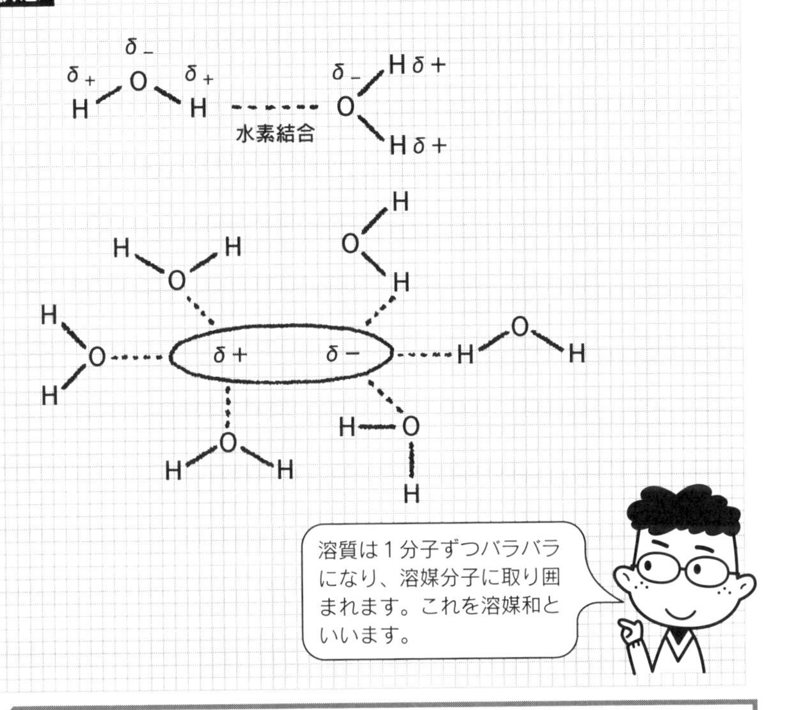

ポイント

◉複数成分からなる液体を溶液という。
◉溶液は溶質と溶媒からできている。
◉液体中では溶質は溶媒和している。

1-2 溶解のエネルギー

硫酸 H_2SO_4 や水酸化ナトリウム NaOH を水に溶かすと激しく発熱するので危険です。一方、硝酸ナトリウム $NaNO_3$ を水に溶かすと冷たくなります。このような現象はなぜ起こるのでしょう？

1 溶解のメカニズム

結晶が溶媒（水）に溶けるには結晶が崩れてバラバラの１分子ずつにならなければなりません。そして１分子ずつになった溶質は周りを溶媒分子に取り囲まれて溶媒和しなければなりません。

結晶というのは、分子が三次元に渡って整然と積み重なった状態です。分子間距離は極限まで短くなっています。このような状態では分子間に水素結合やファンデルワールス力という分子間力が働いています。結晶が崩れて分子がバラバラになるというのは、この分子間力を断ち切ることを意味します。

一方、溶質分子が溶媒和するというのは、溶質分子と溶媒分子の間に分子間力が形成されることを意味します。

このように溶質が溶けるというのは分子間力の切断と生成という二つの化学反応の結果なのです。

2 溶解のエネルギー変化

化学反応には二つの側面があります。分子構造の変化という側面と、分子の持つエネルギーの変化という側面です。

化学結合ができるということは系を安定化させることです。したがって化学結合を生成する際には、外部にエネルギーを放出します。このような反応を一般に発熱反応といいます。反対に、切断するためにはエネルギーを外部から吸収する必要があります。このような反応を吸熱反応といいます。

溶解に伴うエネルギー変化はこの二つのエネルギーの綱引きになります。結合生成エネルギーの方が大きければ全体として発熱反応となり、系は熱くなります。反対に結合切断エネルギーの方が大きければ吸熱反応となり、系は冷たくなります。

図１　溶解のメカニズム

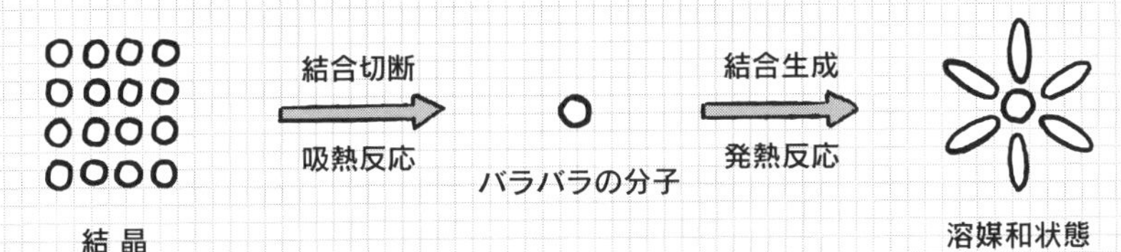

図２　溶解のエネルギー変化

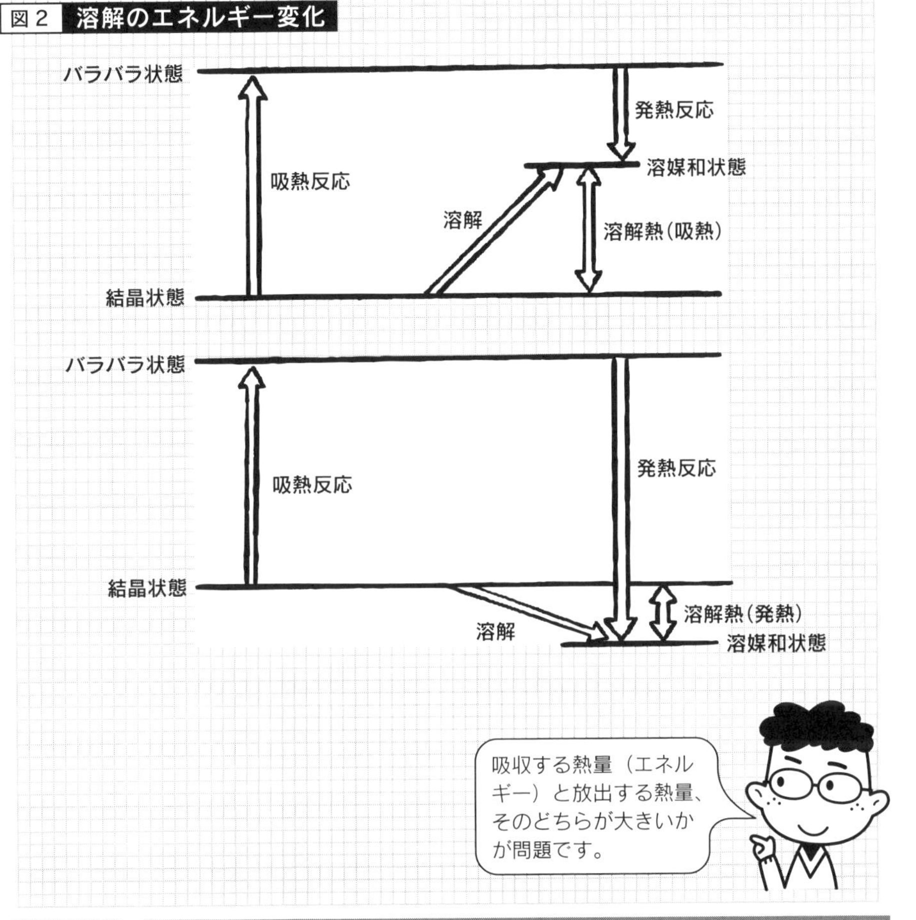

◉結晶が１分子ずつになるためには結合切断エネルギーが必要である。
◉分子が溶媒和するときには結合生成エネルギーが放出される。
◉両方のエネルギーの大小関係によって溶解のエネルギーが決まる。

1-3

各種の濃度

一定量の溶液の中に溶質がどの程度溶けているかを表す尺度を一般に濃度といいます。しかし濃度には多くの種類があります。食塩（塩化ナトリウム NaCl、分子量58.5）の水溶液（食塩水）を例にして見てみましょう。

1 質量パーセント濃度（単位：%）

一般的に用いられる濃度です。溶液中に含まれる溶質（NaCl）の質量をパーセントで表したものです。

・質量パーセント濃度（%）＝（溶質質量（g）/溶液質量（g））×100
＝（溶質質量（g）/（溶液質量（g）＋溶媒質量（g））

10% 濃度の食塩水を作るには NaCl100g に水900g を加えます。

2 モル濃度（単位：mol/L）

化学で一般的に用いられる濃度です。全ての化学の本で、特に断りがない限り、濃度は全てモル濃度です。溶液１L 中に含まれる溶質のモル数です。

・モル濃度（mol/L）＝溶質モル数（mol）/溶液体積（L）

１モル濃度の食塩水を作るには、１L のメスフラスコに NaCl１モル（58.5g）を入れ、その後水を入れてちょうど1L にします（図１）。

3 質量モル濃度（単位：mol/1000g）

溶媒1000g 中に溶けている溶質のモル数をいいます。

・質量モル濃度（mol/1000g）＝溶質モル数（mol）/溶媒質量（1000g）

１質量モル濃度の食塩水を作るには、１モルの NaCl を1000g の水に溶かします。

4 モル分率（単位：無名数）

溶質のモル数を、溶質と溶媒のモル数の和で割った値をいいます。理論化学でよく用います。

・モル分率（無名数）＝溶質モル数/（溶質モル数＋溶媒モル数）

0.1モル分率の食塩水を作るには、１モルの NaCl を９モル（18×9＝162g）の水に溶かします。

図1　1モル濃度の食塩水の作り方

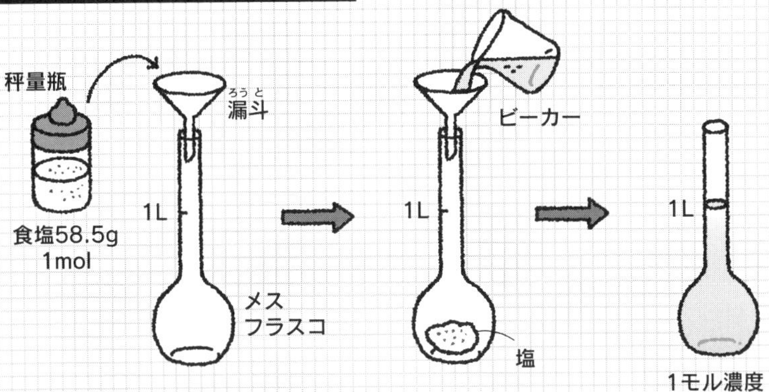

図2　1質量モル濃度の食塩水の作り方

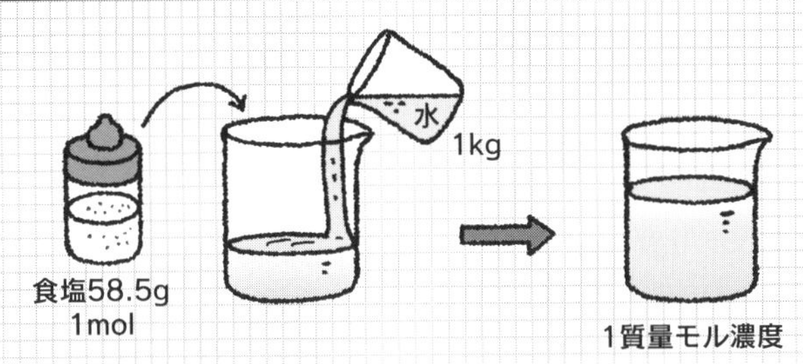

図3　0.1モル分率の食塩水の作り方

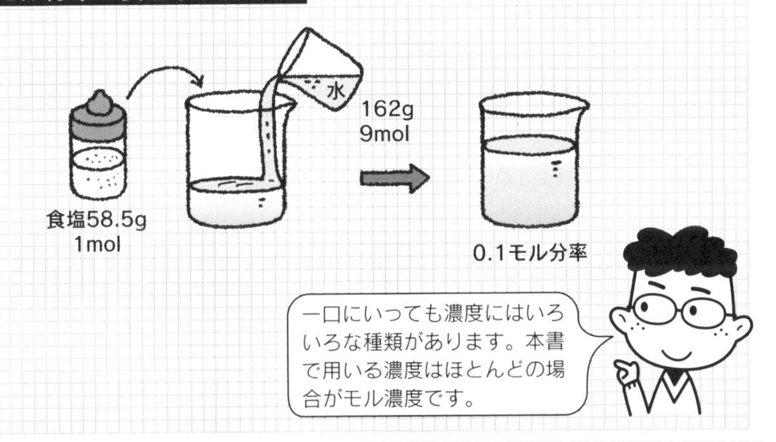

- ◉溶液に溶けている溶質の量を表す指標を濃度という。
- ◉化学で一般的に用いる濃度はモル濃度である。
- ◉理論化学ではモル分率もよく用いられる。

溶解度

ある溶質がある溶媒にどの程度溶けるかを表した数値を、溶解度といいます。溶解度は溶質の状態（固体、液体、気体など）や温度、圧力の影響を受けます。

1 固体の溶解度

物質を溶媒に溶かすと、物質の量が少ない間は物質は溶けますが、ある量に達すると、それ以上は溶けなくなります。このときの溶液を飽和溶液といいます。そして飽和溶液における溶質の量を溶解度といいます。簡単にいえば溶媒に溶ける限界量です。

溶解度には明確な定義はありません。普通は100gの溶媒に溶ける溶質のグラム数で表すことが多いです。溶解度は温度や圧力によって変化します。

図１は固体の水に対する溶解度〔100gの水に溶ける固体の質量（g）〕の温度依存性を表したものです。固体の溶解度は一般に高温になるほど大きくなります。しかし、その変化の割合は物質によって異なり、塩化ナトリウムNaClのように、温度にほとんど依存しないものもあります。

2 気体の溶解度

図２は気体の溶解度です。固体の溶解度と反対に、気体の溶解度は高温になると小さくなります。夏になると金魚鉢の金魚が水面に口を出して空気を吸うのは、水中の溶存酸素が少なくなって苦しいので空気を吸っているのです。

気体の溶解度に関しては、ヘンリーの法則がよく知られています。それは、

“気体の溶解度（質量、モル数）は圧力に比例する”

というものです。ここで注意すべきことは、溶解度が“質量やモル数”で定義されていることです。ボイル・シャルルの法則（気体の状態方程式）によって、気体の体積は圧力に反比例することが知られています。したがってこの法則を応用すると、ヘンリーの法則は次のようにいい直すことができます。

“気体の溶解度（体積）は圧力に無関係である”

図１ **固体の溶解度**

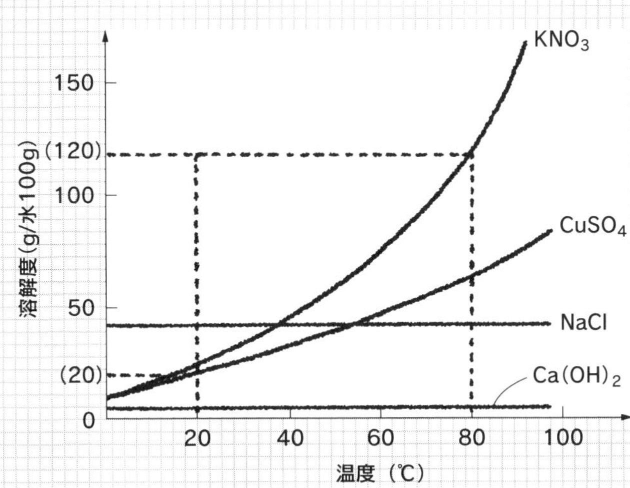

図２ **気体の溶解度**

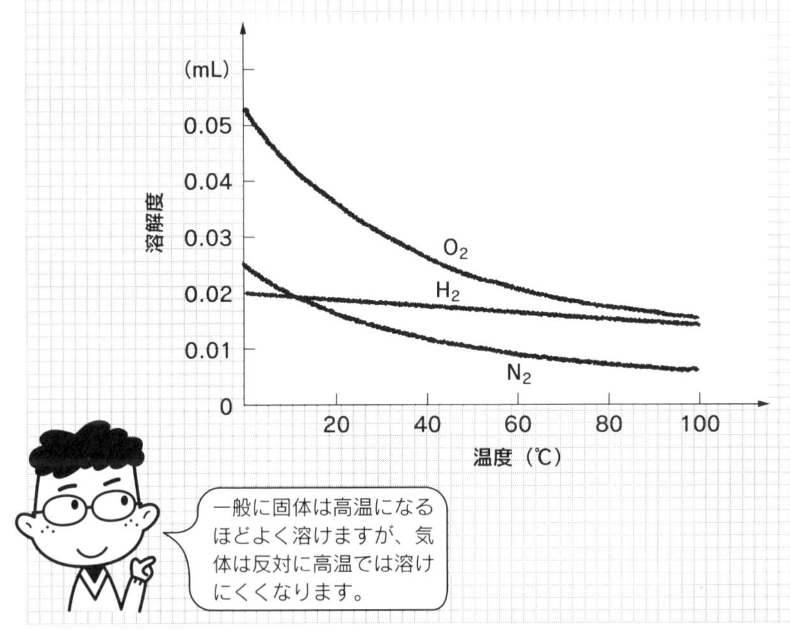

ポイント

●固体の溶解度は温度とともに上昇するが気体は反対である。
●質量やモル数で表した気体の溶解度は圧力に比例するが、体積で表した場合には圧力に無関係になる。

1-5 再結晶

溶液の濃度が飽和濃度を超えると、溶けきれなくなった溶質は沈殿として析出します。この現象を利用して不純な結晶を純粋な結晶に精製することができます。

1 沈殿生成

前節の図によれば、食塩（NaCl）の濃度はおよそ40gです。つまり100gの水に40g溶けます。この溶液を濃縮して水分を半分の50gにしたらどうなるでしょう？50gの水には20gのNaClしか溶けません。したがって溶けきれなくなった20gのNaClは結晶として析出します。このような現象を一般に沈殿析出といいます。

お醤油を小皿にとって数日間放置すると、立方体形のNaClの結晶が表れるのはこの現象です（図１）。

同じような現象は、飽和溶液を冷却した場合にも表れます。冷却されることによって溶解度が減少し、溶けきれなくなった溶質が結晶として析出します。

2 再結晶

上で見た現象を利用して、不純物を含む結晶から不純物を除き、純粋な結晶にすることができます。このような操作を再結晶といい、結晶性の試料の精製技術として重要なものです。

前節の固体の溶解度グラフを見てください。80℃の水100gに硝酸カリウムKNO_3を溶かして飽和溶液を作ります。グラフによれば、120gほど溶けます。この溶液を放冷して室温20℃にします。20度におけるKNO_3の溶解度はおよそ20gです。したがって、この操作によって100gほどのKNO_3が溶けきれなくなって結晶として析出することになります。しかし、20gは相変わらず溶液として溶けたままです（図２）。

次に不純物を含んだKNO_3に対して同じ操作を行ってみましょう。例外的にものすごく不純な結晶を除いては、不純物の量は主成分（KNO_3）に対して少ないものです。つまり、20℃になっても不純物の濃度は飽和濃度に達せず、したがって溶液中に溶けたままです。したがって、この状態で析出したKNO_3を採取すれば、それは不純物を含まない純粋なKNO_3であるということになります。

図１　お醤油の沈殿折出

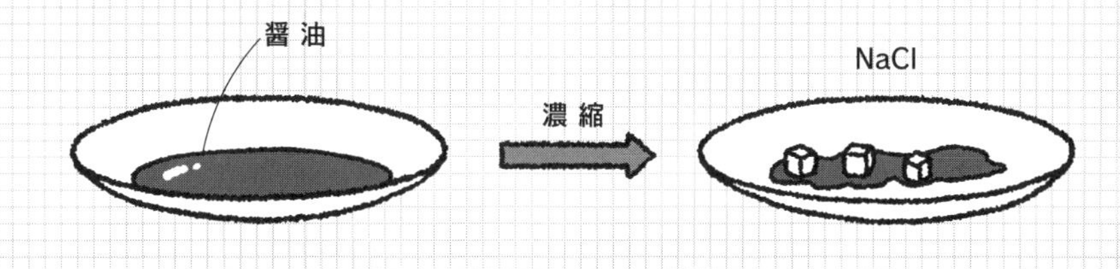

図２　硝酸カリウムを溶かした飽和溶液の放冷

茶色で汚かった不純結晶が再結晶によってピカピカの美しい結晶になります。

◉飽和溶液を濃縮あるいは冷却すると結晶が析出する。
◉不純な結晶を溶解し、その後溶解度を落とすことによって純粋な結晶を得る操作を再結晶という。

第2章

化学反応と平衡

化学反応には速いものも遅いものもあります。化学反応の速度を反応速度といいます。正逆両方向に進むことのできる反応を可逆反応といいます。可逆反応では平衡状態が表れます。

化学反応の速度

反応には原子核崩壊反応のように完結までに何億年もかかる遅い反応も、爆発のように瞬時に終わる速いものもあります。反応の速度を反応速度といいます。

1 化学反応の濃度変化

図1は反応A→Bにおける出発物質Aの濃度〔A〕の時間変化を表したものです。グラフaのように〔A〕の減少速度の速い反応が反応速度の大きい反応ということになります。〔B〕で考えれば〔B〕の増加速度の速いものが速い反応です。

グラフbは同じ反応のAと生成物Bの濃度〔A〕、〔B〕の時間変化を表したものです。Aの減った分はBになるので、〔A〕、〔B〕の和は常に反応開始前のAの濃度、初濃度$〔A〕_0$に等しくなります。

一般にこのような反応の速度vは反応速度式1で表されます。ここで比例定数kを速度定数といいます。kの大きい反応が速い反応です。

2 半減期

図2は反応A→Bにおける〔A〕の時間変化を表したものです。時間が$t_{1/2}$だけ経つと濃度が最初の$〔A〕_0$の1/2になっています。更に$t_{1/2}$だけ経つと濃度は最初の1/4、更に$t_{1/2}$経つと1/8になります。つまり、時間が半減期$t_{1/2}$のn倍経つと濃度は$(1/2)^n$となります。

$t_{1/2}$を半減期といいます。半減期の短い反応が速い反応であり、半減期の長い反応は遅い反応です。一般に半減期は簡単な測定によって求められることが多いので、半減期は反応速度を測定する際の都合の良いデータとなります。

〈コラム〉

原子炉の事故ではヨウ素Iの同位体で、放射性で危険な^{131}Iが漏洩することが多いですが、これの半減期は8日です。したがって、漏洩から2カ月もたつと$(1/2)^8$＝1/260にまで減少することがわかります。しかし放射性元素の中には半減期が何百年などというものがザラであり、これが使用済み核燃料の保管を困難なものにしています。

図１　出発物質Ａの反応Ａ→Ｂにおける濃度変化

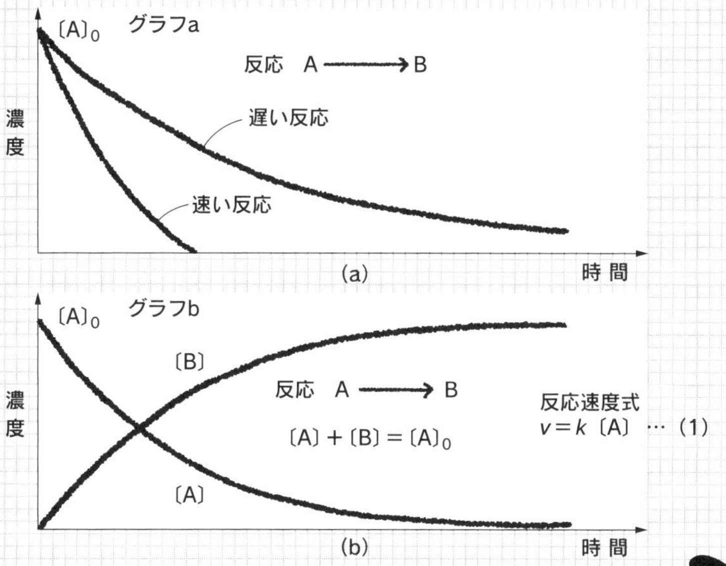

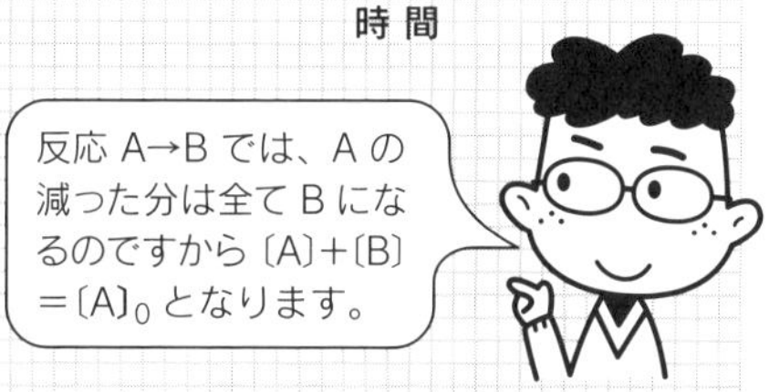

グラフa

〔A〕$_0$

反応　A ⟶ B

遅い反応

速い反応

濃度

時間

(a)

グラフb

〔A〕$_0$

〔B〕

反応　A ⟶ B

〔A〕＋〔B〕＝〔A〕$_0$

反応速度式
$v = k$〔A〕 …（1）

〔A〕

濃度

時間

(b)

反応 A→B では、A の減った分は全て B になるのですから〔A〕+〔B〕=〔A〕$_0$ となります。

図２　半減期

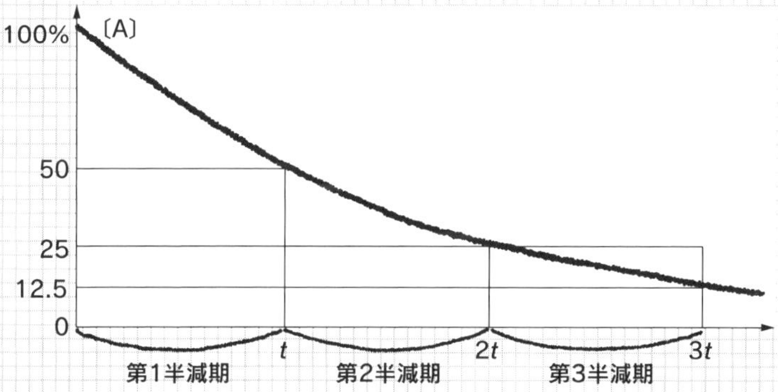

100%　〔A〕

50

25

12.5

0

t　$2t$　$3t$

第1半減期　第2半減期　第3半減期

◉反応速度式における速度定数の大きいものが速い反応である。
◉出発物の濃度が半分になるのに要する時間を半減期という。
◉半減期の短い反応が速い反応である。

2-2 可逆反応と不可逆反応

化学反応の中には進むだけでなく、後戻りする反応もあります。このような反応を可逆反応といいます。それに対して一方向だけにしか進まない反応を不可逆反応といいます。

1 不可逆反応

一般に化学反応はA→Bのように、出発物Aが時間とともに生成物Bに変化します。BがAに変化するようなことはありません。このような反応を特に不可逆反応といい、反応速度式は前節で見たように v=k〔A〕で表されます。

しかし、Aの減少速度とBの増加速度の絶対値は同じなので、この式は $v=k$〔A〕$=-k$〔B〕と書くこともできます。マイナスを付けたのは、減少速度と増加速度では方向が反対になっているからです。

2 可逆反応

ところが化学反応の中にはA⇄Bのような反応があります。これはAがBに変化すると同時に、生成物Bが出発物Aに戻ることができることを意味します。このような反応を一般に可逆反応といいます。そして右に進む反応を正反応、左に進む反応を逆反応といいます。

正反応と逆反応は互いに独立した反応であり、反応速度も違います。すなわち正反応の速度は $v_{正}=k_{正}$〔A〕であり、逆反応の速度は $v_{逆}=k_{逆}$〔B〕と表されます。そして正反応の速度定数 $k_{正}$ と逆反応の速度定数 $k_{逆}$ は、一般に互いに異なります(図1)。$k_{正}\neq k_{逆}$。

3 可逆反応の濃度変化

図2は可逆反応A⇄BにおけるAとBの濃度の時間変化を表したものです。反応が開始されると同時にAがBに変化するので、〔A〕は時間とともに減少していきます。同時に〔B〕が増加し始めます。

しかし、ある時間が経つと系内にBが溜まってきます。するとBはAに変化し始めます。その結果〔A〕の減少速度は鈍ります。同様に〔B〕の増加速度も鈍ります。

そしてある時間が経つと、〔A〕も〔B〕も変化しない状態となります。このような状態を平衡状態といいます。この状態は反応が起こっていないのではありません。見かけ上の濃度変化がないだけなのです。

図１　**可逆反応**

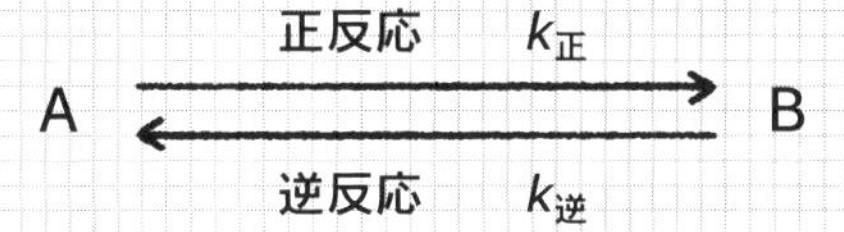

$$v_{正} = k_{正}[A]$$
$$v_{逆} = k_{逆}[B]$$

図２　**可逆反応の濃度変化**

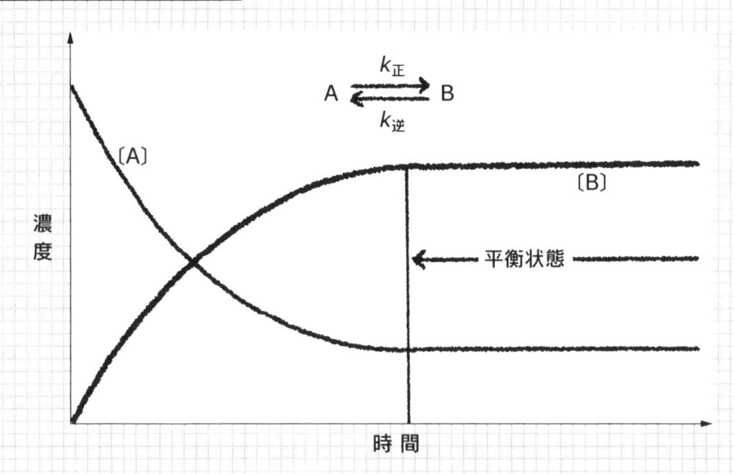

可逆反応ではある程度の時間が経つと濃度変化が止まってしまいます。この状態を平衡状態といいます。

- ◉反応式の右方向にも左方向にも進行する反応を可逆反応という。
- ◉正反応と逆反応は互いに独立であり、速度定数は異なる。
- ◉可逆反応で見かけ上の濃度変化がなくなった状態を平衡状態という。

2-3 平衡

前節で見た平衡という概念は化学では非常に重要なものですが、日常の生活の中にも存在する現象です。平衡をもう少し詳しく見てみましょう。

1 平衡状態

前節で見たように、平衡状態というのは、可逆反応が一定時間進行した後に表れる状態です。そして平衡状態では系を構成する物質の濃度が変化しません。そのため、あたかも反応が停止しているように見えます。しかし実態はそうではありません。反応はこれまでと同様に進行しているのです。ただ、その結果が濃度変化に出てこないだけなのです。

このような例は日常生活にもたくさんあります。源泉かけ流しの湯では、湯壺の湯の量は常に一定です。それは入ってくる湯の量と、流れ出ていく湯の量が同じだからです。湯壺の湯は常に新しく変わっているのです（図１）。また、日本の人口はほぼ１億２千万人で一定しています。しかし、常に赤ちゃんが誕生し、亡くなる方が出ています。そして、この両者の数がほぼ等しいので人口としては変化がないように見えるのです。

つまり、平衡状態というのは図２の式１に表したように、正反応の速度 $v_{正}$ と逆反応の速度 $v_{逆}$ が等しくなった状態なのです。

2 平衡定数

平衡状態では平衡定数 K が定義されます。それは可逆反応の左辺と右辺の物質の濃度比であり、式２で定義されます。この式に上の式１を代入すると式３となります。すなわち、平衡定数というのは正反応と逆反応の速度定数の比に他ならないのです。

このことから、

①平衡定数 K の大きな反応は正反応が進行しやすい反応であり

②平衡定数 K の小さな反応は逆反応が進行しやすい反応である

ということになります。

平衡定数は温度が一定ならば常に一定という性質を持ちます。今後、いろいろな場面で名前を変えて出てきます。注意して下さい。

図1　**温泉の湯量の平衡状態**

図2　**平衡定数**

$$A \underset{\text{逆}}{\overset{\text{正}}{\rightleftarrows}} B$$

$$v_{\text{正}} = v_{\text{逆}} = k_{\text{正}}[A] = k_{\text{逆}}[B] \quad \cdots\cdots (1)$$

$$K = \frac{[B]}{[A]} \quad \cdots\cdots (2)$$

$$K = \frac{k_{\text{正}}}{k_{\text{逆}}} \quad \cdots\cdots (3)$$

平衡定数 K というのは速度定数 k の比なのです。簡単なことなのです。

- ◉平衡状態は反応が止まっているのではなく、正反応と逆反応の速度が等しくなった状態である。
- ◉正反応と逆反応の速度定数の比を平衡定数という。

2-4

ルシャトリエの法則

平衡状態はいろいろの条件が揃った状態で維持される危うい状態です。日本の出生人口が減った現在、日本は目の前に迫った人口減少に手をこまねいています。平衡状態が崩れかかっているのです。

1 平衡反応と平衡定数

ちょっと複雑な可逆反応を考えてみましょう。

$$A + B \rightleftarrows C + \text{発熱}$$

です。正反応は、AとBが発熱的に反応して生成物Cを与えるというものです。逆反応はCを加熱するとAとBに分解するというものです。平衡定数は式1で与えられます（図1）。なお、式1では成分の濃度〔成分〕を用いていますが、成分が気体の場合には成分の分圧 $P_{\text{成分}}$ を用います。

2 濃度変化と平衡定数

系を構成する物質の濃度〔A〕、〔B〕、〔C〕を変化させてみましょう。平衡定数 K を一定に保つため、系はどのように変化するでしょう（図2）。

・系にCを加える

〔C〕が増えたので K を一定に保つためには〔A〕、〔B〕を増加しなければなりません。すなわち逆反応が進行します。これを平衡が左に傾くと表現します。

・反応系の圧力を高める

成分全ての分圧が高まります。しかし分母は分圧の二乗になっているので効果がそれだけ大きくなります。これを打ち消して K を一定にするには P_C を増加しなければなりません。正反応が進行します。つまり平衡は右に傾きます。

・系を加熱する

反応が右に進行すれば発熱して系は更に高温になります。しかし左に進行すれば熱は反応進行のために使われ、系の発熱は抑えれられます。つまり平衡は左に傾きます。

このように平衡系は、外部から加えられた変化を帳消しにするように変化します。これを発見者の名前を取ってルシャトリエの法則といいます。

図１　平衡定数

$$A+B \rightleftarrows C + 発熱$$

$$K=\frac{[C]}{[A][B]}=\frac{P_C}{P_A \cdot P_B} \quad \cdots\cdots (1)$$

図２　濃度変化

条件の変化		考察	結論
圧力	Cの温度（分圧）を上げる	Kを一定にするためには〔A〕,〔B〕を増やす	反応は左へ進む
圧力	全体の温度（分圧）を上げる	分母は濃度（分圧）の2乗である 分母を減らして分子を増やす	反応は右へ進む
温度を上げる		発熱を抑える	反応は左へ進む

平衡状態にある系は、加えられた変化をできるだけ打ち消すように変化します。熱を加えれば、その熱を使ってなくするように変化します。そのため、もらった小遣いを使い果たすドラ息子のようだということで、この法則を“ドラ息子の法則”という人もいます。

◉平衡定数は温度が一定ならば常に一定である。
◉平衡系に変化を与えると、系は平衡定数を一定に保つためにその変化を帳消しにするように変化する。これをルシャトリエの法則という。

2-5 電解質と電離

溶液中で分解して陽イオンと陰イオンになるものを電解質、電解質の溶液を電解質溶液といいます。電解質の電離は電離平衡という平衡反応になっています。

1 電離平衡

電解質ABは溶液中で分解して陽イオンA^+と陰イオンB^-になります。このような分解を一般に電離といいます。

電解質の電離は反応式に示すように平衡反応になっています。そしてこの反応の平衡定数（式1）は特に電離定数と呼ばれます（図1）。電離定数が大きければ電離しやすい電解質であり、小さければ電離しにくいことを意味します。

2 電解質効果

図2は酢酸CH_3COOHと塩化ナトリウムNaClが共存する溶液中での酢酸の電離定数とNaCl濃度の関係を表したものです。NaCl濃度が高くなるほど電離定数が大きくなっていることがわかります。

これはCH_3COOHの電離によって生じた酢酸イオンCH_3COO^-や水素イオンH^+がNaClから生じたナトリウムイオンNa^+や塩化物イオンCl^-に囲まれ、再結合し難くなった結果と考えることができます。すなわち平衡が右に傾いたのです。このように化学平衡が溶液内に存在する電解質の影響を受けることを電解質効果といいます。

3 イオン強度

電解質効果は電解質溶液中では必ず起こる現象です。しかし、影響の大きさは電解質の種類に無関係であることがわかっています。関係するのはイオンの価数zとイオンのモル濃度mだけです。

そこで図3の式2で表したイオン強度μ（ミュー）を定義します。異なる電解質溶液におけるイオンの挙動を比較する場合には、系内に存在する電解質の影響、すなわち電解質効果を揃えておくことが必要です。このような場合には、系に適当な電解質を加えてイオン強度を揃えて測定することが行われます。

図1　電解平衡と電離定数

$$AB \rightleftarrows A^+ + B^-$$

$$K = \frac{[A^+][B^-]}{[AB]} \quad \cdots\cdots (1)$$

図2　酢酸の電解質効果

$$CH_3COOH \rightleftarrows CH_3COO^- + H^+$$

$$K = \frac{[CH_3COO^-][H^+]}{[CH_3COOH]}$$

見かけの電離定数×10^{-5}（mol/L）
3.0
2.0
1.0
0
0.1
0.2
0.3
0.4
0.5
NaCl濃度（mol/L）

NaCl の濃度が高くなると、酢酸は電離しやすくなるのです。

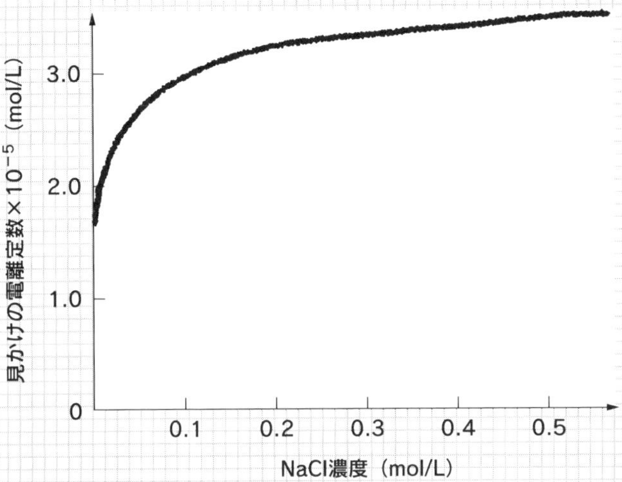

図3　イオン強度

$$\text{イオン強度}\ \mu = \frac{1}{2}(m_1 z_1^2 + m_2 z_2^2 + \cdots\cdots) \quad \cdots\cdots (2)$$

◉溶液中で電離してイオンになるものを電解質という。
◉電離は平衡反応であり、その平衡定数を電離定数という。
◉電離定数を比較検討するときには両系のイオン強度を揃える。

第3章

酸・塩基と酸化・還元

酸・塩基

酸・塩基は化学における基礎的な概念であると同時に、いろいろの場面で登場する重要な概念でもあります。
酸・塩基は化合物の種類です。多くの化合物は酸、あるいは塩基に分類することができます。どのようなものが酸であり、どのようなものが塩基なのでしょう？その定義は実は3種類あります。

1 アレニウスの定義

スウェーデンの化学者アレニウスによって提唱されたもので、水素イオンH^+と水酸化物イオンOH^-を使って定義します（図1）。最も一般的な定義といってよいでしょう。

・酸：水に溶けてH^+を出すもの

$HCl \rightleftarrows H^+ + Cl^-$

・塩基：水に溶けてOH^-を出すもの

$NaOH \rightleftarrows Na^+ + OH^-$

2 ブレンステッドの定義

デンマークの化学者ブレンステッドが提唱したものであり、H^+だけを使って定義します（図2）。水を使わない定義なので、有機化学向けの定義ということができます。

・酸：H^+を出すもの

$CH_3COOH \rightleftarrows CH_3COO^- + H^+$

・塩基：H^+を受け取るもの

$NH_3 + H^+ \rightleftarrows NH_4^+$

3 ルイスの定義

アメリカの化学者ルイスによって定義されたもので、空軌道と非共有電子対を使って定義します（図3）。主に金属イオンを扱う無機化学で用いられます。この定義については、後にキレート滴定の節で詳しく見ることにします。

・酸：空軌道を持つもの

・塩基：非共有電子対を持つもの

図1　アレニウスの定義

酸　$HNO_3 \rightleftarrows H^+ + NO_3^-$

$H_2SO_4 \rightleftarrows 2H^+ + SO_4^{2-}$

$H_3PO_4 \rightleftarrows 3H^+ + PO_4^{3-}$

塩基　$KOH \rightleftarrows K^+ + OH^-$

$Ca(OH)_2 \rightleftarrows Ca^{2+} + 2OH^-$

図2　ブレンステッドの定義

酸　$H_2O \rightleftarrows H^+ + OH^-$

塩基　$H_2O + H^+ \rightleftarrows H_3O^+$

（水は酸にも塩基にもなるので両性物質といわれます。）

図3　ルイスの定義

$H_2O + H^+ \rightleftarrows H_3O^+$

塩基　　酸

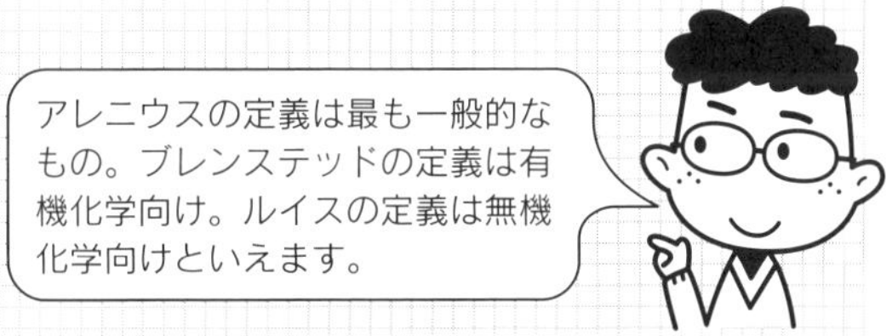

◉アレニウスの定義：酸＝H^+を出すもの。塩基＝OH^-を出すもの。
◉ブレンステッドの定義：酸＝H^+を出すもの。塩基：H^+を受け取るもの。
◉ルイスの定義：酸＝空軌道を持つもの。塩基：非共有電子対を持つもの。

3-2 酸性・塩基性

酸性、塩基性は物質の種類ではなく、溶液の状態をいいます。溶液中にH^+が多い状態を酸性、OH^-が多い状態を塩基性といいます。

1 水の電離

水は非常にわずかですが電離してH^+とOH^-になっています。それぞれの濃度〔H^+〕と〔OH^-〕の積 K_W=〔H^+〕〔OH^-〕$=10^{-14}$ $(mol/L)^2$を水のイオン積といいます。K_Wは温度が一定ならば常に一定です。上の値は20℃における測定値です（図１）。

中性の水は電離して同数のH^+とOH^-を出しますから、中性の水では［H^+］と［OH^-］の濃度は等しくて、共に$\sqrt{10^{-14}}=10^{-7}$mol/Lとなります。

2 水素イオン指数pH

溶液が酸性なのか塩基性なのかは重要な情報です（図２）。これを調べるには溶液中の〔H^+〕と〔OH^-〕を調べればよいことになります。しかし、両者の積はイオン積であり、常に一定なので、〔H^+〕と〔OH^-〕のどちらかがわかれば、もう片方は計算でわかることになります。

そこで、溶液の酸性度を表す尺度として〔H^+〕を用いることになりました。問題はその濃度の表記法です。通常〔H^+〕は非常に小さい値です。0,000000001mol/Lのようなものです。これでは０の個数を数え間違います。そこで指数表現を使って10^{-9}mol/Lとします。しかし、－9という肩付の数字を印刷するのは面倒です。そこで対数表示にします。Log〔H^+〕＝－9。これで非常にスッキリします。しかし、“－”が邪魔です。そこで、－を消すために全体に－を掛けます。つまり－log〔H^+〕＝９です。

これが水素イオン指数pHの定義です。

3 pHの意味

対数を取って－を掛けたせいで、pHと〔H^+〕の間には一見わかり難い関係ができました。それは次のようなものです。

○pH＝７が中性でそれより小さければ酸性、大きければ塩基性。

○pHの数字が１違えば〔H^+〕は10倍違う。

図１　水（H_2O）の電離

$$H_2O \rightleftarrows H^+ + OH^-$$

$$[H^+][OH^-] - K_w = 10^{-14}(\mathrm{mol/L})^2 \quad 25℃$$

中性では

$$[H^+] = [OH^-] = \sqrt{10^{-14}}(\mathrm{mol/L}) = 10^{-7}(\mathrm{mol/L})$$

$$[H^+] = 0.000000001(\mathrm{mol/L}) = 10^{-9}(\mathrm{mol/L})$$

$$\log[H^+] = \log 10^{-9} = -9$$

$$\mathrm{pH} = \log[H^+] = -\log 10^{-9} = 9$$

図２　水素イオン指数と濃度の表記法

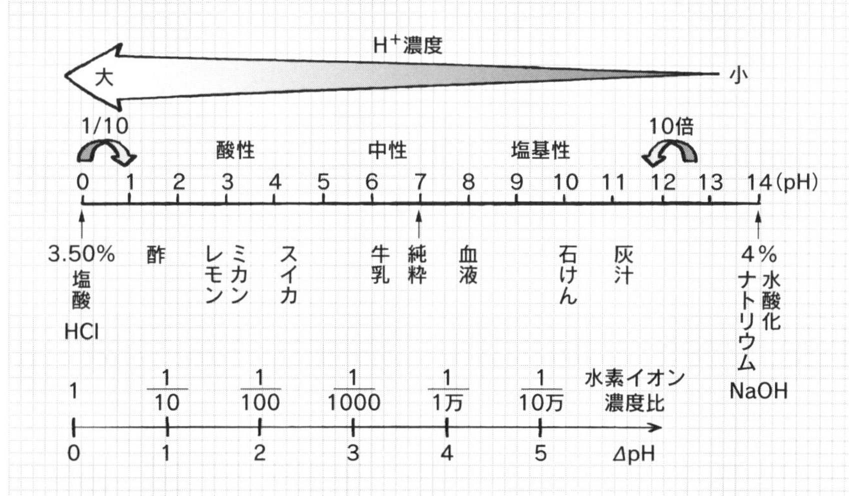

◉水は電離しており $K_W = [H^+][OH^-] = 10^{-14}$（mol/L)^2 である。
◉ pH＝７が中性でそれより小さければ酸性、大きければ塩基性である。
◉ pH の数字が１違えば〔H^+〕は10倍違う。

3-3 中和と塩

酸と塩基の間の反応を中和といいます。中和の結果できる生成物のうち、水以外のものを塩（えん）といいます。一般に中和は発熱を伴う激しい反応なので、行うときには注意が必要です。

1 中和

酸 HA と塩基 BOH が反応すると水 H_2O と生成物 AB ができます。AB を一般に塩（えん）といいます。

リン酸 H_3PO_4 と水酸化ナトリウム NaOH の反応では、H_3PO_4 の H^+ になることのできる３個の H のうち、何個が反応に関与したかによって３種類の塩が生じます。このうち、H の残っている塩、NaH_2PO_4 と Na_2HPO_4 を酸性塩、全ての H が Na に変化した Na_3PO_4 を正塩といいます。

同様に水酸化カルシウム $Ca(OH)_2$ と塩酸 HCl の反応で生じる塩のうち、OH を残している CaCl(OH) を塩基性塩、OH を残していない $CaCl_2$ を正塩といいます（図１）。

酸性塩、塩基性塩というのは H、OH を持っているかどうかということであり、塩の性質、つまり酸性か、塩基性かということとは関係ありません。

2 塩の性質

塩は一般に水によく溶け、ほぼ完全に電離します。塩には水に溶けても中性なものと、水に溶けると酸性になるもの、反対に塩基性になるものがあります。

塩のこのような性質は、中和反応を行った酸と塩基の強弱によって決まります。つまり、塩酸 HCl、硝酸 HNO_3、硫酸 H_2SO_4 などのような強酸と、水酸化ナトリウム NaOH、水酸化カリウム KOH のような強塩基の中和から生じる塩は中性です。

また酢酸 CH_3COOH のような弱酸とアンモニア NH_3 のような弱塩基から生じる塩も中性です。しかし、強酸と弱塩基から生じる塩は酸性であり、弱酸と強塩基から生じる塩は塩基性です。つまり、中和に関与した酸・塩基のうち、強い方の性質が残るのです（図２）。

図1　中和

$$H_3PO_4 + NaOH \rightleftarrows H_2O + NaH_2PO_4$$

$$NaH_2PO_4 + NaOH \rightleftarrows H_2O + Na_2HPO_4$$

（以上2式）酸性塩

$$Na_2HPO_4 + NaOH \rightleftarrows H_2O + Na_3PO_4$$

正塩

$$Ca(OH)_2 + HCl \rightleftarrows H_2O + CaCl(OH)$$

塩基性塩

$$CaCl(OH) + HCl \rightleftarrows H_2O + CaCl_2$$

正塩

図2　塩（えん）の性質

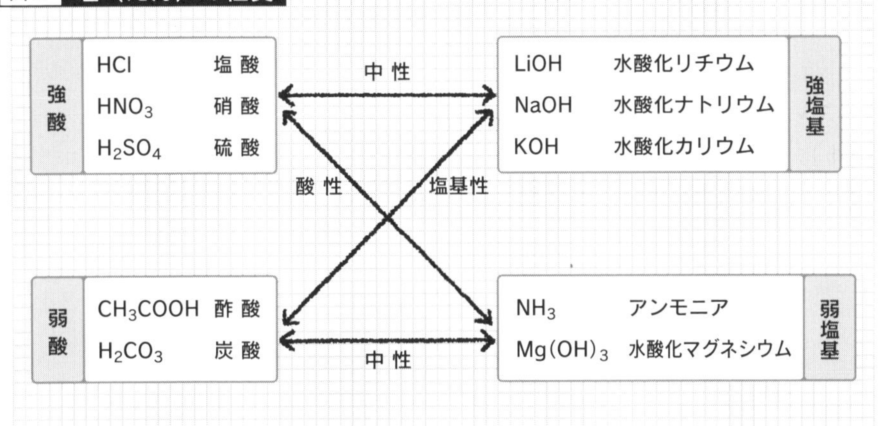

同じ強さの酸と塩基からできる塩は中性、強さが異なるときには強い方の性質が勝つということです。

- 酸と塩基の反応を中和といい、水以外の生成物を塩という。
- Hを残した塩を酸性塩、OHを残した塩を塩基性塩という。
- 塩の性質は中和反応を行った酸・塩基のうち、強い方の性質が残る。

3-4 酸化・還元と酸化数

酸化・還元は簡単で重要な概念ですが、紛らわしい面もあります。それを避けるには酸化数を用いるのが便利です。酸化数はイオンの価数と似ていますが、少々違います。酸化数の計算法を見てみましょう。

1 酸化数の計算

いろいろの場合で見てみましょう。() 内の数値が酸化数です。

・単体を構成する原子の酸化数＝0

H_2のH(0)、O_2のO(0)、O_3のO(0)、ダイヤモンドのC(0)

単体とは同一種類の原子だけでできた分子のことをいいます。

・イオンの酸化数＝イオンの価数

Na^+(1)、Fe^{2+}(2)、Fe^{3+}(3)、Cl^-(−1)、S^{-2}(−2)

酸化数にはプラスもマイナスもあり、同じ原子がいくつもの酸化数を取ることもあります。

・分子中のHの酸化数＝1、Oの酸化数＝−2

CH_4のH(1)、COのO(−2)、CO_2のO(−2)

・電気的に中性な分子を構成する全原子の酸化数の和＝0

この規則を適用すると、多くの原子の酸化数を計算することができる。

H_2SO_4のSの酸化数をxとすると

$$2+x+(-2)\times 4=0 \quad \therefore x=6$$

2 酸化数を用いた酸化・還元の定義

酸化数を用いると、酸化還元は次のように簡単になります。

・酸化数が増加した：その原子は酸化された

・酸化数が減少した：その原子は還元された

酸化・還元の基本は電子授受です。

・還元されるというのは原子が電子を受け取って陰イオンになること

・酸化されるというのは原子が電子を放出して陽イオンになること

なのです（図1）。つまり、酸化数というのは、このような電子授受の関係を簡単な数値計算にまとめた方法なのです（図2）。

図1　酸化と還元

酸化される：電子を放出して陽イオンになること

$$A \longrightarrow A^{+} + e^{-}$$　：Aは酸化された

還元される：電子を受け取って陰イオンになること

$$A + e^{-} \longrightarrow A^{-}$$　：Aは還元された

図2　酸化数の増減

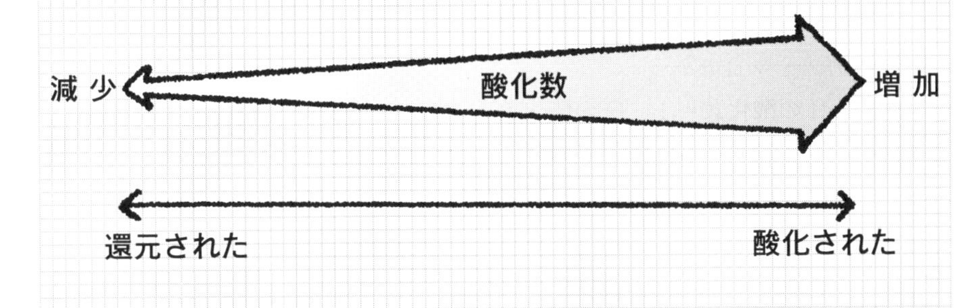

◉酸化数の計算法が決められている。
◉酸化数が増加したらその原子は酸化された。
◉酸化数が減少したらその原子は還元された。

3-5 酸化剤・還元剤

相手を酸化する試薬を酸化剤、相手を還元する試薬を還元剤といいます。酸化・還元反応において酸化剤は還元され、還元剤は酸化されます。

1 酸化・還元と酸素

酸化・還元は幅広い概念ですが、酸素が関与する反応は酸化・還元反応の代表的なものといってよいでしょう。酸素を用いて酸化・還元を定義すると次のようになります。

① A は酸素と結合して AO になった：A は酸化された

② AO は酸素を放出して A になった：A は還元された

上の①において原子 A は酸素と結合したのですから、酸化数は 0 から 2 に増加しています。したがって間違いなく A は酸化されていることになります。一方、②においては A の酸化数は 2 から 0 になったのですから、確かに A は還元されていることになります。

つまり、一般に考えるように、酸化・還元は酸素の授受と考えても問題ないことがわかります。

2 酸化剤・還元剤と酸化・還元

酸化・還元を酸素を使って考えるとき、酸化剤・還元剤は次のように定義できます。

・酸化剤：相手に酸素を与えるもの

・還元剤：相手から酸素を奪うもの

もし、酸化剤と還元剤が反応したらどうなるでしょうか？　酸化剤の酸素は還元剤に移動するでしょう。この結果、酸化剤は酸素を失ったのですから還元されたことになります。反対に還元剤は酸素を得たのですから酸化されたことになります。

つまり酸化剤は相手を酸化すると同時に、自分は還元されるのです。反対に還元剤は相手を還元すると同時に、自分は酸化されるのです。このように、酸化・還元というのは常に同時に起こっているのです。というより、一つの現象に過ぎないのです。酸化・還元というのは、それをどちらの側から見るかによって変わるのです。その一つの現象というのは、「酸素の移動」それだけなのです（図 1 ）。

図１　酸化と還元とは酵素の移動

酸素を与えた：酸化剤
酸素を失った：還元された

酸素を奪った：還元剤
酸素を受けとった：酸化された

酸化・還元反応は、現象としては「酸素の移動」という一つの現象にすぎません。それをどちらの側から見るかによって、酸化になったり、還元になったりするのです。

◉相手を酸化するものを酸化剤、還元するものを還元剤という。
◉酸化剤は相手を酸化すると同時に自分は還元され、還元剤は相手を還元すると同時に自分は酸化されている。

第4章

定性分析

分析化学の大きな使命の一つは溶液中に存在する元素の種類を特定するというものです。このために行うのが本章の定性分析です。最も分析化学らしい実験ということができるでしょう。キュリー夫人もこのような実験によってラジウムやポロニウムを発見したのです。

定性分析の原理

組成未知の試料中に入っている元素の種類を同定するのが定性分析です。しかしこの分析法では、標的とする元素が入っているかどうかがわかるだけで、その濃度はわかりません。また、標的以外の元素のことは何もわかりません。

1 定性分析と定量分析

分析化学は応用化学です。分析化学の目的はいろいろありますが、化学のいろいろな分野の理論と技術を総合して試料の分析を行うのは大きな目的の一つです。試料の分析とは、その試料中に入っている元素の種類と量を決定することです。

このとき、元素の種類だけを同定し、その量は問題にしないのが定性分析です。それに対して、種類だけでなく、その量までを決定するのが定量分析です（図１）。現在では、後に見る機器分析を用いれば、定性分析も定量分析もほとんど半自動的に行うことができます。

しかし、多くの機器分析では、試料中の成分を分離して取り出すことはできません。過去半世紀にも渡って先人は苦労して自然界に存在する90種ほどの元素を分離同定してきましたが、その手法はここで述べるようなものだったのです。

2 沈殿法

ここで用いる手法は一般に沈殿法といわれるものです。これは特定の元素だけを沈殿として析出させる方法です。沈殿試薬 a は、いろいろある金属イオンのうち、A とだけ反応して aA という沈殿を生成するとしましょう。

各種の金属イオンを含み、組成未知の試料に試薬 a を加えます。その結果、沈殿が生じたとしたら、その試料には A が入っている可能性が高くなります。しかし、沈殿が生じなかったら、A が入っている可能性はなくなります。

そうしたら、次に金属イオン B とだけ反応する沈殿試薬 b を加えます。沈殿が生じたら元素 B が入っている可能性がありますが、沈殿が生じなければ B も入っていないことになります。このような操作を順繰りに系統的に繰り返して、試料中の元素を次々と沈殿として分離していくのです（図２）。

図1 **分析化学の分類**

分析 {
定性分析：成分の種類だけを同定する
定量分析：成分の種類と量を同定する

図2 **沈殿法**

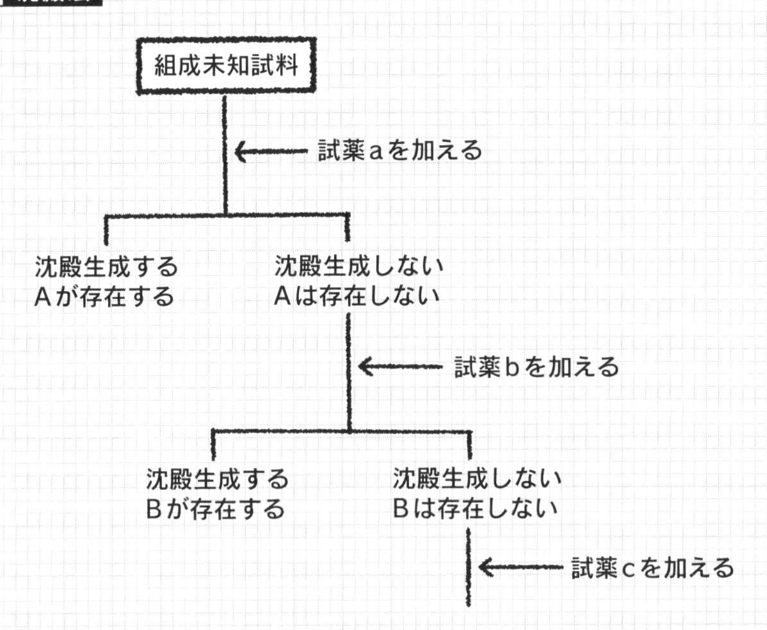

元素 A、B、C …と排他的に反応する試薬 a、b、c…を順繰りに加えていき、沈殿が生成するかどうかで、元素の存在を知ります。

◉分析には定性分析と定量分析がある。
◉沈殿法は特定の金属イオンとだけ反応する沈殿試薬を用いて、未知試料中にそのイオンが存在するかどうかを決定する。

4-2 分属と分属試薬

定性分析は多くの化学者が長い期間を掛けて作り上げたシステムです。そこでは分属試薬と呼ばれる試薬を用います。実際の操作に沿って具体的に見てみましょう。

1 分属

金属イオンの定性分析では、金属イオンを6種類に分類し、それぞれを属といいます。すなわち、金属イオンを第1属から第6属に分類するのです。

この分類は周期表の族とは関係ありません。同じ族のイオンが異なる属に入っていることもあれば、異なる族のイオンが同じ属に入っていることもあります。同じ沈殿試薬に反応するイオンを同じ属としてまとめたものです。属の分類を表1に示しました。

2 分属試薬

各分属のイオンと反応して沈殿にする試薬を分属試薬といいます。第1属の分属試薬は第1属の金属イオンだけと反応し、それ以外の金属イオンとは反応しません。分属試薬を先の表1に示しました。

3 定性分析操作

実際の実験操作は次のようになります（図1）。操作は非常に簡単なものです。実験容器は、通常は試験管を用います。

①未知試料の適当量を試験管にとり、蒸留水で適当に薄めます。
②そこに第1属分属試薬を入れて撹拌棒でよく撹拌します。
③沈殿ができたら、第1属のイオンが存在した可能性があります。
④沈殿をろ過して沈殿①とろ液Ⅰに分離します。
⑤もし、沈殿が生じなかったら第1属イオンは存在しなかったことになります。
⑥沈殿が生じた場合にはろ液Ⅰ、生じなかった場合には第1分属試薬を加えた状態の試料に第2分属試薬を入れ、上と同様の操作をします。

このような操作を第6分属試薬を加えるまで、次々と機械的に繰り返していくのです。

表１ 金属イオンの分属

属	分属試薬	イオン
第１属	HCl	Ag^{+}, Hg_2^{2+}, Pb^{2+}
第２属	酸性 H_2S	A. Hg^{2+}, Cu^{2+}, Cd^{2+}, Bi^{3+} B. Sn^{2+}, Sn(Ⅳ), Sb^{3+}, Sn(Ⅴ), As(Ⅲ), As(Ⅴ)
第３属	NH_4Cl, NH_3aq	Fe^{3+}, Al^{3+}, Cr^{3+}, (Mh^{3+})
第４属	NH_3aq＋H_2S	Co^{2+}, Ni^{2+}, Mh^{2+}, Zn^{2+}
第５属	$(NH_4)_2CO_3$	Ba^{2+}, Sr^{2+}, Ca^{2+}
第６属	なし	Mg^{2+}, Na^{+}, K^{+}, NH_4^{+}

第１属分属試薬を加えると第１属イオンの Ag^{+}、Hg_2^{2+}、Pb^{2+} が沈殿となります。これらのイオンが存在しなかったら沈殿は生じません。

図１ 定性分析操作

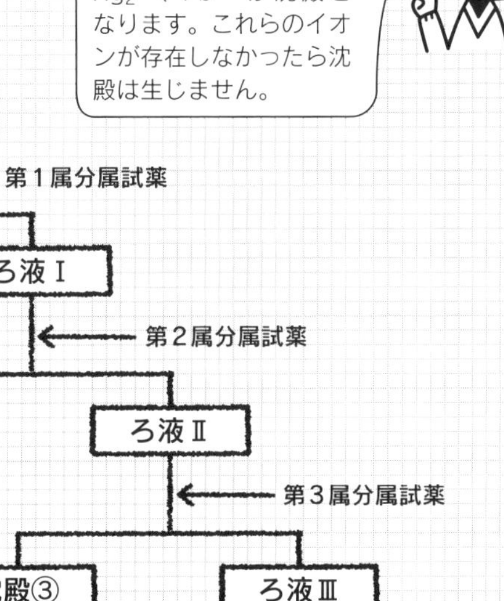

- ◉金属イオンの定性分析では金属イオンの六つの分属に分類する。
- ◉各分属にはそこに属するイオンだけを沈殿させる分属試薬がある。
- ◉未知試料に分属試薬を加え、沈殿が生成するかどうかをチェックする。

4-3 第1属、第2属の分離

実際の定性分析がどのように行われるのかを、思考実験によって見てみましょう。未知試料に含まれる可能性のある金属イオンとしては、各分属から1種類ずつ、合計6種類を選びます。

1 試料に含まれるイオン

試料に含まれている可能性のあるイオンの種類は Ag^{+}（第1属）、Bil^{3+}（第2属）、Al^{3+}（第3属）、Co^{2+}（第4属）、Ba^{2+}（第5属）、Na^{+}（第6属）とし、このうちの何種類かを含むものとします。つまり、この6種類のイオンのうち、どれとどれが含まれているかを定性分析によって明らかにするのです（図1）。

2 第1属の存否

第1属の分属試薬は塩酸 HCl です。試験管に取り分けた試料溶液に HCl 水溶液（2 mol/L）を加えて暖めます。

沈殿が生じなかったら Ag^{+}が存在しないということですから、次の第2分属イオンの存否を確かめる実験に移ります。しかし、沈殿が生じたら Ag^{+}に基づくものですから沈殿①として分離します。

今回は第1属としては Ag^{+}しか入っていませんが、本来ならば、この沈殿は Ag^{+}、Hg_2^{2+}、Pb^{2+}のどれかに基づくものです。参考のために、これらを識別する実験を行ってみましょう。沈殿①をアンモニア水に溶かしホルマリン（ホルムアルデヒド水溶液）を加えます。もし Ag^{+}が含まれていたら黒色沈殿が生じます。Hg_2^{2+}、Pb^{2+}では黒色沈殿は生じないので、これで①の沈殿が Ag^{+}によるものであることが明らかになります。

3 第2属の存否

上の操作で得たろ液Ⅰに第2分属試薬である硫化水素 H_2S ガスを吹き込みます。H_2S は致死性の猛毒ですから、実験には十分に注意しなければなりません。

もし黒色の沈殿が生じたらそれは Bi^{3+}に基づくものですから、沈殿②として分離し、ろ液はろ液Ⅱとして次の3属の存否の実験に用います。先の分類表によれば第2属の金属イオンはたくさん存在します。しかし H_2S と反応して黒色沈殿を生じるのは Bi^{3+}だけですから、沈殿②は Bi^{3+}によるものであることが明らかです。

図１　定性分析の例（第１属と第２属の分離）

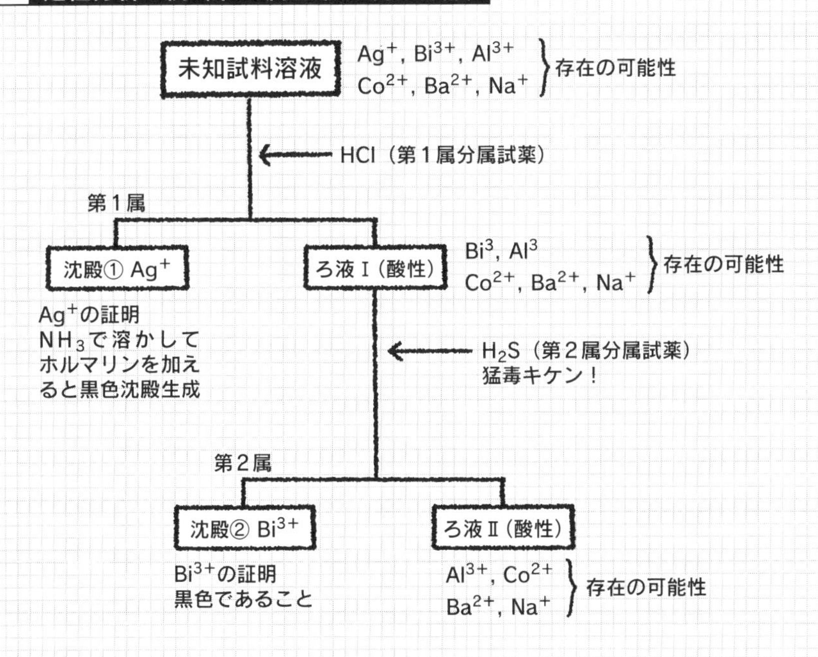

分属試薬を加えて沈殿が生じたら、そのイオンが存在したことになります。沈殿を除いて残ったろ液に対して、次の反応を行います。

- ◉第１分属試薬の HCl を加えて沈殿ができれば第１属イオンが存在する。
- ◉第２分属試薬の H_2S を加えて沈殿ができれば第１属イオンが存在する。
- ◉沈殿の色は重要な情報を含んでいるので注意しなければならない。

4-4 第3属、第4属の分離

前節で第1属と第2属が存在するかしないかの確認は終わりました。次は第3属以降の検査です（図1）。

1 第3属の存否

先のろ液Ⅱに第3属分属試薬である塩化アンモニウム NH_4Cl 水溶液を加えて加熱します。変化がなかったら第3属イオンの Al^{3+} は含まれなかったことになります。しかしもし沈殿が生じたら、それは Al^{3+} に基づくものですから分離して沈殿③とろ液Ⅲにします。

沈殿③が Al^{3+} によるものであることを確認するのに好都合な反応があります。それは沈殿③に過酸化水素 H_2O_2 と水酸化ナトリウム NaOH を加えて溶かし、そこにアルミノン試薬を加えると赤い沈殿が生成します。この反応を行うのは Al^{3+} だけです。このように、特有の色彩を示す反応を一般に呈色（ていしょく）反応といいます。

2 第4属の存否

第4属の分属試薬は第2族の分属試薬と同じ硫化水素 H_2S です。H_2S で沈殿を作るのなら、第2属の検査のときに第4属も沈殿しそうなものですが、なぜそのときに第4属は沈殿しなかったのでしょうか？

それは試料溶液の酸性度 pH が影響しているのです。第2属の検査のときにはろ液Ⅰには第1属分属試薬の塩酸 HCl が残っており、ろ液は酸性でした。第4属の硫化物（H_2S との反応物）は酸性条件では溶けてしまい、結晶にならなかったのです。

そこで、今回は H_2S を加える前にアンモニア NH_3 水溶液を加えて塩基性にしておきます。

このような操作によって沈殿が生じなかったら、第4属イオンは存在しないことになります。しかしもし生じたらそれは Co^{2+} に基づくものですから、沈殿④とろ液Ⅳとして分離します。

沈殿が Co^{2+} によるものであることを確認するには沈殿④を希塩酸（塩酸水溶液）で溶かし、そこに α-ニトロソ-β-ナフトールを加えると、赤い沈殿が生成することを利用します。第4属イオンでこの反応を行うのは Co^{2+} だけなのです。

図１ **定性分析の例（第３属と第４属の分離）**

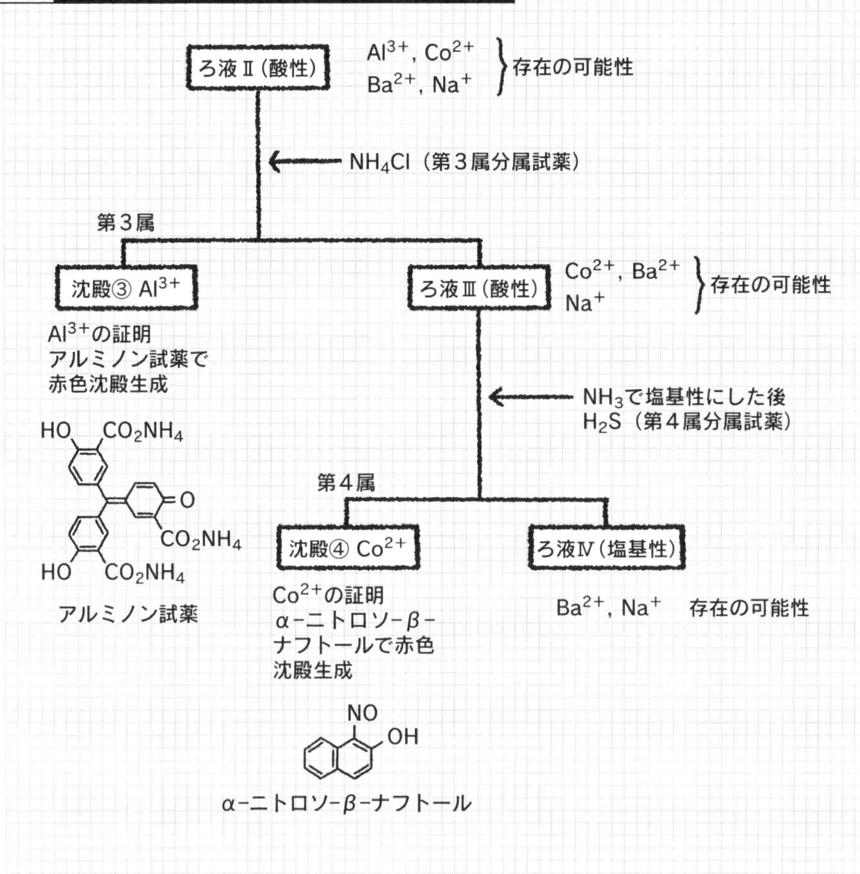

金属イオンの中には特定の試薬と反応して固有の色彩を示すものがあります。このような反応を特に呈色反応といいます。

- ◉同じ試薬が異なる分属の分属試薬として使われることがある。
- ◉分属試薬を加えるときには溶液の pH に注意しなければならない。
- ◉金属イオンには特有の呈色反応を行うものがある。

第５属、第６属の分離

試料中に存在する金属イオンの量も種類も少なくなってきました。もう一息で定性分析終了です（図１）。第５属と第６属の反応を見てみましょう。

1 第５属の存否

第５属の分属試薬は炭酸アンモニウム $(NH_4)_2CO_3$ です。ろ液Ⅳに $(NH_4)_2CO_3$ 水溶液を加えて加熱します。変化がなければ第５属イオンは存在しないことになります。もし沈殿が生成したら Ba^{2+} が存在したことになります。沈殿⑤と、ろ液Ⅴに分離します。

沈殿⑤が Ba^{2+} によるものであることを確認するには炎色反応が簡単で便利です。緑色の炎が見えたら Ba^{2+} が存在することの証明になります。

2 第６属の存否

ろ液Ⅴを加熱し、揮発成分を蒸発乾固して除き、固体とします。これを塩酸に溶かして溶液とし、そこにアンチモン酸カリウム $KSbO_3$ 水溶液を加えます。この操作で沈殿が生じなかったら、第６属イオンは存在しなかったことになり、沈殿が生じたら Na^+ が存在することになります。Na^+ の確認は炎色反応が黄色くなることで行います。

〈コラム〉炎色反応

白金線の先に金属イオンの水溶液をつけ、炎の中に入れると炎に各金属特有の色彩がつきます。これを炎色反応といい、金属の同定に用いられます。各金属の炎色反応の色彩を表１にまとめました。

炎色反応は花火の色彩に用いられることで良く知られています。花火に用いられる火薬は黒色火薬であり、硝酸カリウム（硝石）KNO_3、硫黄 S、木炭粉 C 等の混合物です。ここにいろいろの金属の化合物を入れると、その金属の炎色反応が現れ、花火に美しい色彩が出るのです。これがなかったら花火はただの白い光だけのものになります。

毒性が強いことで有名な金属にタリウム Tl があります。タリウムというのはギリシア語で若芽という意味です。タリウムの炎色反応が美しい黄緑色であることに由来するものだそうです。

図１ **定性分析の例（第５属と第６属の分離）**

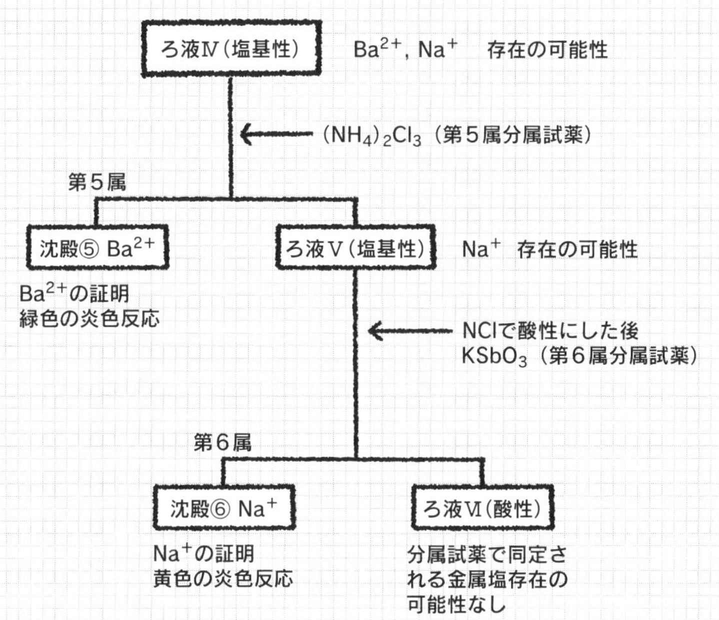

以上で定性反応は終わりです。化学の実験試験では、各自が何が入っているのかわからない試料を与えられ、分属実験によって成分を当てるというものがあります。皆、真剣になります。

図２ **各金属の炎色反応**

金属	Li	Na	K	Rb	Cs	Ca
炎色	深赤	黄	赤紫	深赤	青紫	橙赤

金属	Sr	Ba	Cu	In	Tl	As
炎色	深赤	緑	青緑	深青	黄緑	青

◉炎色反応を用いると金属の同定を簡単にすばやく行うことができる。
◉炎色反応は花火に用いられる。
◉パーティで使うカラーキャンドルも炎色反応を利用している。

第5章

重量分析

成分未知試料の成分を明らかにするだけではなく、その量（濃度）までを明らかにする分析法を定量分析といいます。重量分析はその中の最も基本的なものです。

重量分析の原理

組成未知試料に含まれる成分の量（濃度など）を明らかにする分析を定量分析といいます。重量分析は分離した物質の重量を測定するものですから、定量分析の基本です。それだけに困難な点もあります。

1 重量分析の問題点

重量分析の問題点は主に二つあります。一つは試薬の問題です。溶液成分の重量分析では溶液中の特定成分を沈殿として取り出します。このときに利用するのは、前章で見た分属試薬のような試薬です。もしこの試薬が成分と完全に反応しなかったらどうなるでしょう？　もし反応が90％しか進行しなかったとしたら、その後どのように正確な操作をしようと、誤差は10％以上となります。

もう一つは実験的な問題です。実験は人間が行うものであり、当然、上手下手があります。実験の上手な人が丁寧に行えば、生じた沈殿の100％を取り出すことができるでしょうが、下手な人が行ったら90％しか取り出すことができないかもしれません。すると10％の誤差が出ます。

化学実験は楽器演奏と同じです。楽器と譜面があったからといって、誰もが楽器を弾けるわけではありません。十分な練習をしなければ弾きこなすことはできません。化学実験も同じです。実験を繰り返し、練習して上手になることが大切です。

2 沈殿法

重量分析の代表的な方法として沈殿法があります。これは溶液中に含まれる特定成分を特定の沈殿試薬と反応させて沈殿として析出させるものです。この原理は前章で見た定性分析と同じです。実際の手順は次のようになります（図１）。

①試料溶液に十分な量の沈殿試薬を加える

②生じた沈殿をろ過、洗浄する

③沈殿を乾燥する。必要ならば燃やして灰化させる

④秤量

このようにして得た沈殿の重量は、加えた沈殿試薬との反応でできた化合物の重量です。したがって、溶液中の成分の重量は沈殿重量から分子量計算によって求めることになります。

図１ **沈殿法による重量分析**

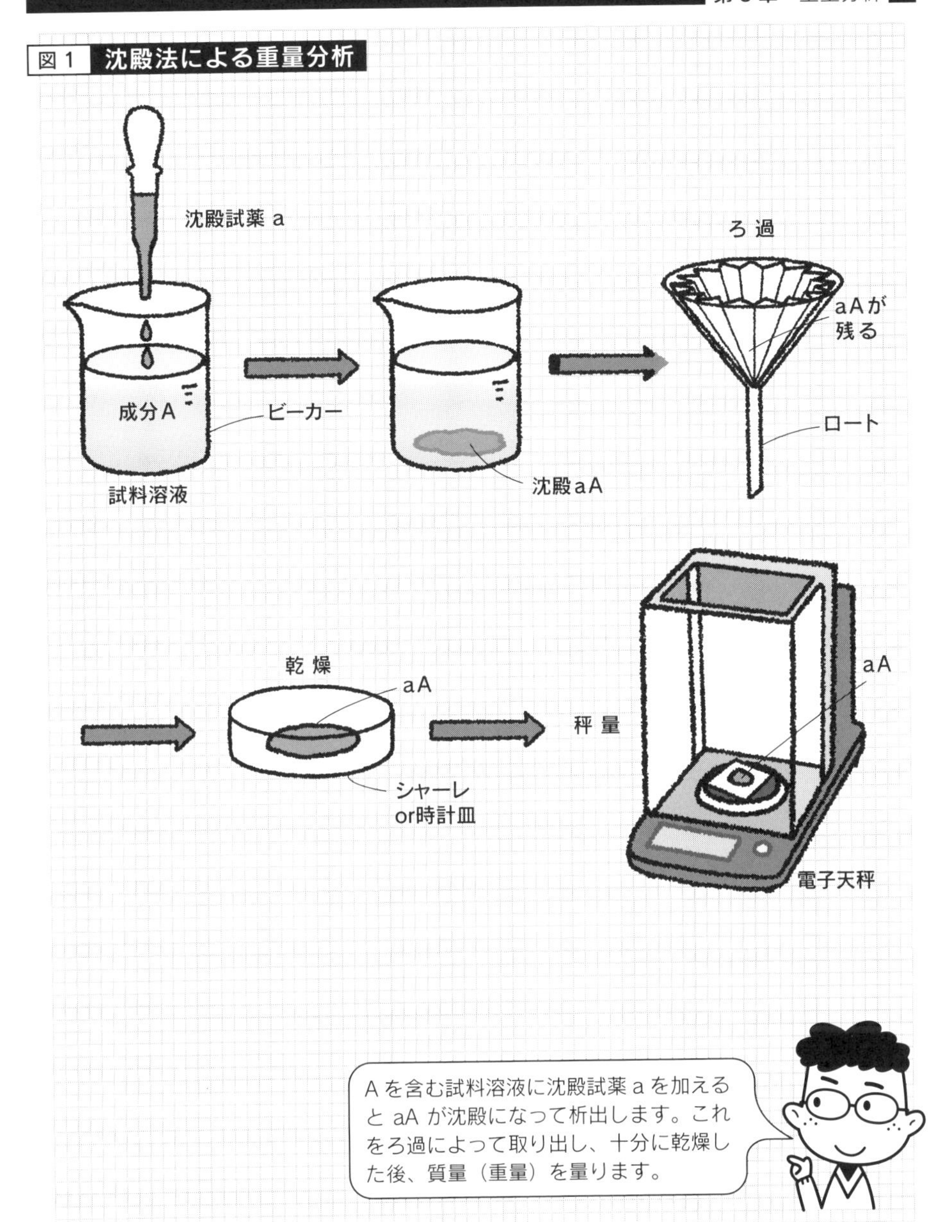

◉重量分析は成分の重量を量るもので定量分析の基本である。
◉重量分析では特に実験のテクニックが重要となる。
◉沈殿試薬を用いる場合には、成分重量は計算で補正する。

5-2 沈殿平衡

溶液中の成分が沈殿試薬と反応して、沈殿として析出する反応は平衡反応の一種です。この平衡は沈殿平衡と呼ばれます。

1 電解質の溶解と析出

沈殿試薬によって生じた金属イオンの沈殿は電解質です。したがって分解（電離）して金属イオンを発生します。塩化銀 AgCl を例にとれば、溶液中では沈殿状の AgCl と、それが電離して生じた銀イオン Ag^+ と塩化物イオン Cl^- との間で反応式で示した平衡が成り立っています。

すなわち、沈殿状の AgCl は常に電離して Ag^+ と Cl^- になり、一方、Ag^+ と Cl^- は常に再結合を繰り返して AgCl になっています。そして、平衡状態では電離する速度と再結合する速度が等しくなっています。そのため、AgCl の沈殿は見かけ上、変化しないように見えるのです。

2 溶解度積

第２章で見たように、この平衡反応の平衡定数 K は式１で与えられます。平衡定数は温度が一定ならば常に一定です。この式の分子部分のようなイオン濃度の積を特にイオン積といいます。

式１を変形すると式２となります。ここで K_s を溶解度積と呼ぶことにします。ところで、固体（沈殿、結晶状態）の AgCl は溶解度が非常に低く、ほとんど溶けません。そのため、〔AgCl〕は常に一定の定数とみなすことができます（図１）。

つまり溶解度積は、温度が一定ならば常に一定の平衡定数 K と、ほぼ一定の〔AgCl〕の積であり、温度が一定ならば常に一定の定数となります。これはイオン積〔Ag^+〕〔Cl^-〕が常に一定ということを意味します。溶解度積は沈殿の析出を左右する重要な指標です。

幾つかの銀化合物の溶解度積を表１に示しました。溶解度積は温度によってかなり影響されることがわかります。しかし、溶解度に影響するのは温度だけではありません。それについては次節で見ることにしましょう。

図１ **沈殿平衡**

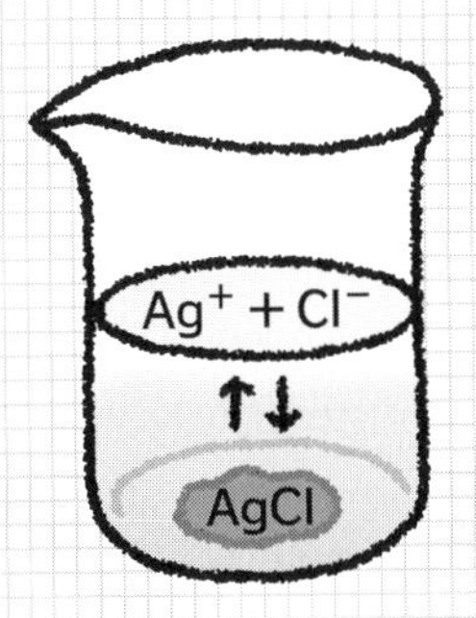

$$AgCl(固体) \rightleftarrows Ag^+ + Cl^- \quad 殿平衡$$

$$K = \frac{[Ag^+][Cl^-]}{[AgCl]} \quad ：温度一定ならば一定 \quad \cdots\cdots (1)$$

$$K_s = K[AgCl] = [Ag^+][Cl^-] \quad ：温度一定ならば一定 \quad \cdots\cdots (2)$$

化学式	イオン積	水の温度［℃］	溶解度積（mol/L)^2
AgCl	$[Ag^+][Cl^-]$	4.7	0.21×10^{-10}
		25	1.56×10^{-10}
		100	21.5×10^{-10}
AgI	$[Ag^+][I^-]$	13	0.32×10^{-10}
		25	1.5×10^{-10}

結論をいえば、ビーカー中の Ag^+ と Cl^+ の濃度の積、$K_s = [Ag^+][Cl^-]$ は一定温度では常に一定ということなのです。

◉沈殿が溶ける反応は平衡反応であり、沈殿平衡と呼ばれる。
◉沈殿が溶ける程度を表す指標として溶解度積 K_S がある。
◉溶解度積は温度によって影響を受ける。

5-3 沈殿析出に影響する原因

沈殿が析出する度合いは溶解度積で見積ることができます。したがって、沈殿析出に影響する原因は溶解度積を検討すればよいことになります。

1 共通イオン効果

塩化銀 AgCl が沈殿平衡にある系（反応式１）に塩酸 HCl を加えてみましょう。AgCl の溶解度積は式１で与えられます。HCl は強酸ですから、ほぼ100% 電離して H^+ と Cl^- になります（反応式２）（図１）。

AgCl の沈殿平衡系に HCl を加えたということは、この平衡系に平衡成分の一つである Cl^- を加えたことになります。これは第２章で見たルシャトリエの法則に従うことになります。

つまり、$[Cl^-]$ が増加したのですから、イオン積 K_s（式１）を一定に保つためには $[Ag^+]$ を小さくしなければなりません。つまり、沈殿が析出することになります。このように、成分と同じイオンによる効果を共通イオン効果といいます。

2 pH の影響

溶解度積は溶液の pH の影響も受けます（図２）。

・OH^- の影響

水酸化アルミニウム $Al(OH)_3$ の沈殿平衡が溶液の pH によってどのような影響を受けるか考えてみましょう。$Al(OH)_3$ の沈殿平衡は反応式３であり、溶解度積は式２です。ここでもし $[OH^-]$ を大きくしたら、K_s を一定に保つためには $[Al^{3+}]$ を小さくしなければなりません。つまり沈殿が析出します。系が塩基性になると沈殿生成が促進されます。

・H^+ の影響

ヨウ化銀 AgI の沈殿平衡式と溶解度積はそれぞれ反応式４、式３になります。系に H^+ がくるとヨウ化物イオン I^- は H^+ と反応してヨウ化水素酸 HI になります（反応式５）。HI は弱酸でほとんど電離しません。ということは系から I^- が除かれたことになります。したがって K_s を一定に保つために $[Ag^+]$ が増加します。すなわち、系が酸性になると沈殿が溶け出すことを意味します。

図１　共通イオン効果

$$AgCl \rightleftharpoons Ag^{+} + Cl^{-}$$ ……反応1

$$K_s = [Ag^{+}][Cl^{-}]$$ ……（1）

$$HCl \rightleftharpoons H^{+} + Cl^{-}$$ ……反応2

図２　pH の影響

（OH^{-}の効果）

$$Al(OH)_3 \rightleftharpoons Al^{3+} + 3OH^{-}$$ ……反応3

$$K_s = [Al^{3+}][OH^{-}]^3$$ ……（2）

塩基性になると沈殿析出

（H^{+}の効果）

$$AgI \rightleftharpoons Ag^{+} + I^{-}$$ ……反応4

$$K_s = [Ag^{+}][I^{-}]$$ ……（3）

$$H^{+} + I^{-} \rightleftharpoons HI$$ ……反応5

酸性になると沈殿溶解

溶解度積 K_s＝〔A〕〔B〕のうち、〔A〕を人為的に大きくしたら〔B〕は小さくなる。つまり B は溶けることができなくなって沈殿になるということです。

◉沈殿平衡にある系に、系を構成するイオンと同じイオンを加えると沈殿が析出する。これを共通イオン効果という。
◉沈殿平衡は pH の影響を受けることもある。

沈殿生成

沈殿を生成するには沈殿試薬を用います。しかし理想的な沈殿試薬を探すのは困難です。沈殿はどのようにして生成するのか、沈殿生成のメカニズムを見てみましょう。

1 沈殿析出

沈殿試薬は多くのものが発見、開発されていますが、全ての元素、イオンに有効に働く理想的なものはありません。そのため、目的のイオンに効果的に働く沈殿剤を選択する必要があります（図１）。

イオンと沈殿剤が反応して沈殿性の化合物が生成したとしても、それが直ちに沈殿（結晶）になるわけではありません。溶液中を漂う分子が一か所に集まって巨大で高密度しかも規則性の高い結晶になるためにはキッカケが必要です。それは容器の傷、溶液中に紛れ込んだゴミなどが結晶の核となり、それを中心にして、あるとき突然結晶が発生するということです。

溶液の濃度がある程度濃い場合には、イオン同士が直接集合して核になります。したがって濃度が高いと核がたくさん発生し、そのため、１個１個の結晶が小さくなります。反対に濃度が低いと核が少なく、そのため結晶は成長して大きくなる傾向があります。重量分析のためには、ある程度の大きさのある結晶が望まれます。

2 沈殿汚染

沈殿には不純物が混じることがあります。これを沈殿汚染といいます。汚染にはいくつかの種類があります。

・共沈、吸蔵

結晶が析出するときに、結晶の正規成分以外の可溶性の物質を伴って析出することがあります。これを共沈といいます。また、結晶成分と同じ大きさの分子があると、結晶格子の中にその分子を取り込んでしまうことがあります。これを吸蔵といいます。

・固溶体、混晶

吸蔵によって異成分を取り込んだ結晶を固溶体、あるいは混晶といいます。このような不純物は洗浄で取り除くことはできません。一度結晶を溶解し、再度結晶化しなければなりません。これを再結晶といいます。

表1 沈殿剤の種類

成 分	沈殿剤	加熱［℃］	秤量形
Al	オキシン(酢酸溶液)	130	$Al(C_9H_6NO)_3$
Ba	希硫酸	強熱, 900	$BaSO_4$
Ca	シュウ酸アンモニウム	>850	CaO
Cd	オキシン(エタノール溶液)	280	$Cd(C_9H_6NO)_2$
Fe	ヘキサメチレンテトラミン, NH_3	強 熱	Fe_2O_3
K	$Na[B(C_6H_5)_4]$	室 温	$K[B(C_6H_5)_4]$

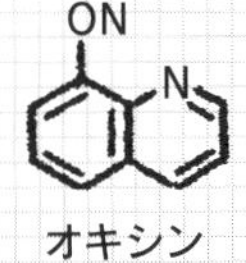

オキシン

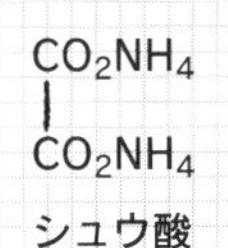

シュウ酸アンモニウム

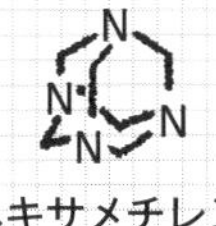

ヘキサメチレンテトラミン

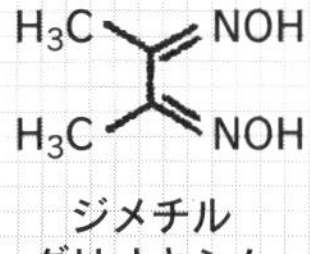

ジメチルグリオキシム

図1 沈殿析出

定量分析に適した結晶を作るには、単に試料溶液に試薬を加えればよいというものではありません。試薬を加えるスピード、撹拌方法、静置時間など細心の注意が必要です。

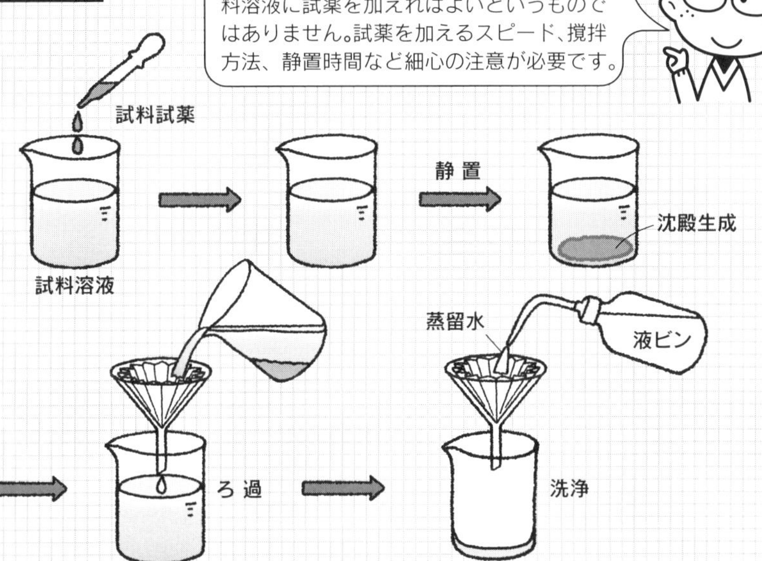

- ◉結晶が生成するためには核が必要である。
- ◉核が多ければ細かい結晶、核が少なければ大きい結晶となる。
- ◉結晶は共沈、吸蔵によって不純物を含む固溶体、混晶となる。

5-5 沈殿の精製と秤量

重量分析に適した沈殿は純粋であることはもちろんとして、結晶の形がある程度大きく、しかも大きさが揃っていることが望ましいです。

1 沈殿の精製

沈殿試薬の添加によって生じた沈殿が重量分析に相応しくない場合には沈殿を作り直す必要があります。本章3節で見たように、多くの沈殿は酸性溶液に溶ける傾向にあります。そこで不純な沈殿を希塩酸（塩酸水溶液）に溶かし、その後アンモニア NH_3 水溶液を加えて塩基性にし、再び沈殿を生成します。

このようにすると不純物は溶液に残り、純粋成分だけからできた純粋結晶が得られます。原理は第1章を見てください。

2 均一沈殿法

大きさの揃った結晶を作るためには、結晶の核が溶液内に均等に分散している必要があります。しかし、沈殿試薬を加えるとき、どのように効果的に攪拌しても、瞬時に均一に拡散させることは不可能です。つまり、沈殿試薬の濃いところではたくさんの核ができ、その他のところでは少なくなります。

均一沈殿法では沈殿試薬の代わりに“沈殿試薬前駆体”を用います。前駆体は沈殿を作りません。“前駆体”が変化して“沈殿試薬”になったときに本領を発揮するのです。

つまり前駆体を、時間を掛けて攪拌し、溶液の隅々にまで拡散させたところで沈殿試薬を発生させるのです。図1に前駆体として尿素 $(NH_2)_2CO$ を用いた例を示しました。尿素は加熱するとアンモニア NH_3 を発生し、系を塩基性にし、沈殿生成を促進します。

3 秤量

秤量とは、上で述べたような操作を行って得た沈殿の重量（質量）を量る操作です。現在では自動天秤に乗っければ自動的に測定してくれますが、質量を正確に量るためには分銅を用いた相対測定が必要です。重力は場所によって異なり、重量は場所によって異なるからです。化学は普遍的な質量に立脚しています。

図１　均一沈殿法の例

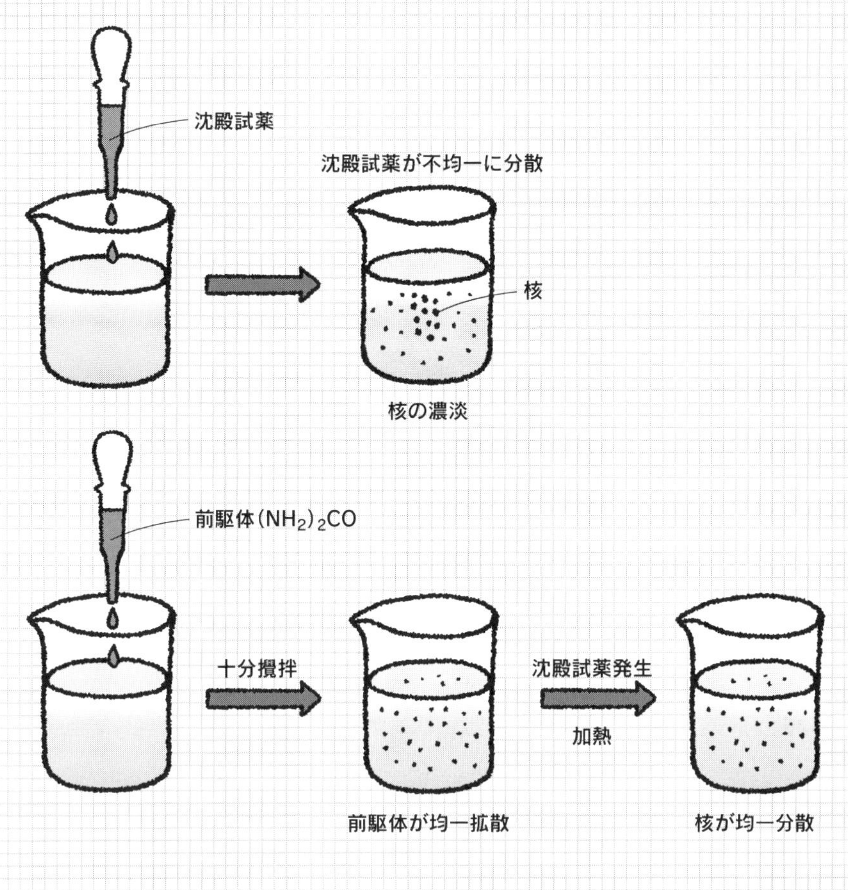

系に沈殿試薬を直接加えると濃淡が生じます。前駆体を加えて十分に攪拌均一化した後に前駆体を沈殿試薬に変化させると均一になります。

- ◉沈殿には純、不純の他に重量分析に適、不適がある。
- ◉相応しくない沈殿は再沈殿によって精製する。
- ◉均一沈殿法は巧みな方法であり、分析化学の方法論に相応しい。

第6章

容量分析

濃度未知のＡを含む試料があります。一方、Ａと1：1に反応する試薬ａがあります。Ａの試料にａの溶液を加え、Ａと反応したａの量を求めれば、それが即ちＡの量です。この原理を利用した分析法が容量分析です。

容量分析の原理

容量分析は定量分析の一種です。しかし、容量分析では、重量分析のように成分の重量を直接量るのではなく、体積で測定します。そのため、滴定というたくみな方法を用います。

1 1：1の反応

定量分析とはその名前のとおり、一定量の濃度未知の試料中にある特定成分の量を量ることです。

化学の場合、量というのは必ずしも重さではありません。基本的には分子の個数です。分子の個数さえわかれば全ては自動的にわかります。重量が欲しかったら分子の個数に分子量を掛ければよいだけです。

未知試料の中に成分Aの分子がn個入っていたとしましょう。定量分析はこのAの個数nを数える方法です。しかし、Aを直接数えなくてもAの個数nを知ることはできます。それはAと必ず1：1に反応する試薬Bを用いるのです。十分な量のBを用意し、全てのAと反応させた後に、使ったBの個数を調べれば、それがAの個数nになっています。これが容量分析の原理なのです（図1）。

2 滴定

厳密に濃度を調整したBの溶液を作ります。これを標準溶液といいます。これを正確に体積の目盛を刻んだビュレットという長い容器に入れます。一方、ビーカーにAを含んだ未知試料溶液の一部を正確に体積を量って取り分けます（図2）。

このビーカー内の未知試料溶液に、ビュレットから標準溶液を滴下します。ビーカー内のAは直ちにBと反応していきます。全てのAが反応したところでBの滴下を止めます。

ビュレットの目盛を読めば、どれだけの体積のB溶液を使ったかわかります。B溶液の濃度はわかっていますから、使ったBの個数もわかります。この個数がすなわち、ビーカー内のAの個数に等しいのです。

ビーカーに入れた未知試料溶液の体積はわかりますから、Aの濃度も知ることができるということになります。つまり、未知試料Aの濃度を標準溶液の体積（容量）で測定するのが容量分析の原理なのです。問題は反応の終点を知ることです。

図１ **容量分析の原理**

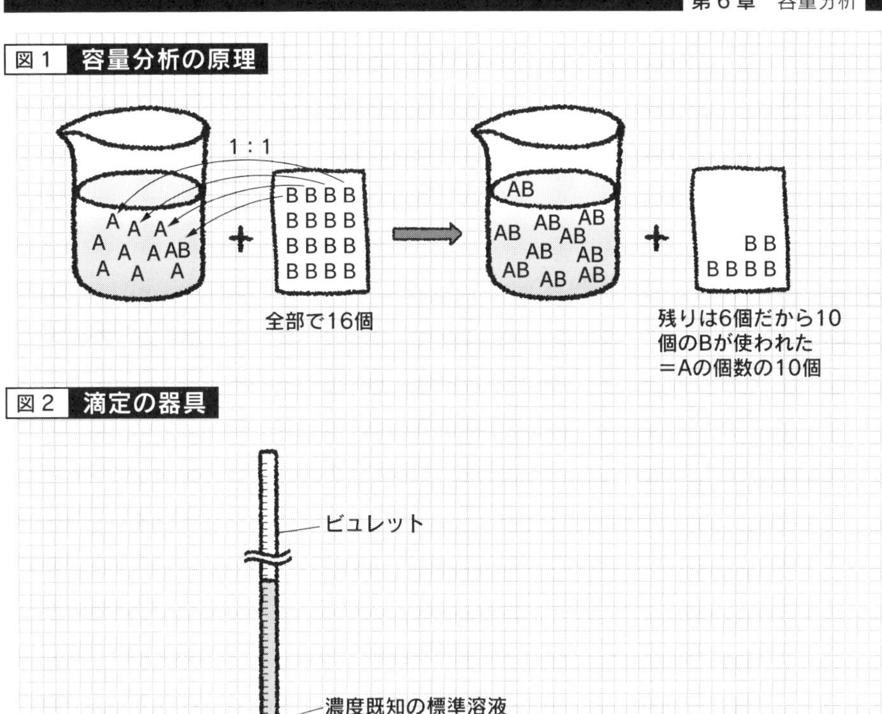

図２ **滴定の器具**

◉容量分析は定量分析の一種である。
◉容量分析は標準溶液の体積を用いて未知試料の濃度を測定する。
◉そのために特定成分と１：１に反応する標準物質が必要である。

中和滴定

容量分析の典型は酸と塩基の中和反応を用いた分析です。この分析は中和反応を用いた滴定実験であることから、中和滴定といわれます。

1 滴定と濃度変化

酸である塩酸 HCl と、塩基である水酸化ナトリウム NaOH の反応は両者が間違いなく1：1で反応する反応であり、しかも100% 進行しますから、滴定分析のサンプルに用いる組み合わせとしては最高です（図１）。

HCl を含む試料に NaOH を含む標準試料を滴下しましょう。溶液は最初は強い酸性であり、pH の数値は小さいですが、滴下が進むにつれて HCl は減少するので pH の値は上昇します。そして、100% 中和が進むと、系は中性となるので pH＝７となります。

更に滴下を進めると、今度は系内に NaOH が溜まりますから、系は塩基性となり、pH の値は上昇します。

2 酸・塩基の組み合わせと pH の変化

上の例では強酸の HCl と強塩基の NaOH の組み合わせだったので、中和で生成する塩の NaCl は中性であり、上で見たような結果になりました。

しかし第３章で見たように、塩の性質は中性とは限りません。酸と塩基の組み合わせによっては、塩は酸性になることも塩基性になることもあります。ということは、中和が100% 進行した時点の系の pH は７とは限らないということです。

図２のグラフ A–C は HCl 水溶液10mL を、それと同じ濃度の NaOH 水溶液で滴定した場合の pH 変化を表したものです。酸と塩基の濃度が同じですから、酸溶液と同じ体積である10mL の塩基溶液を滴下した時点が中和点です。グラフを見れば、反応が中和した時点、すなわち中和点では pH＝７となっています。

したがって、系の pH を監視し、pH＝７になったところで滴定を中止すればよいことになります。しかし、酸と塩基の組み合わせによってはこのように単純にいかないことがあるのです。それについては次節で見ることにしましょう。

図1 **HCl と NaOH の反応**

酸	+	塩基	⇄	塩	+	H_2O
(HCl)		(NaOH)		(NaCl)		
1	:	1				

図2 **滴下に伴う pH 変化と指示等**

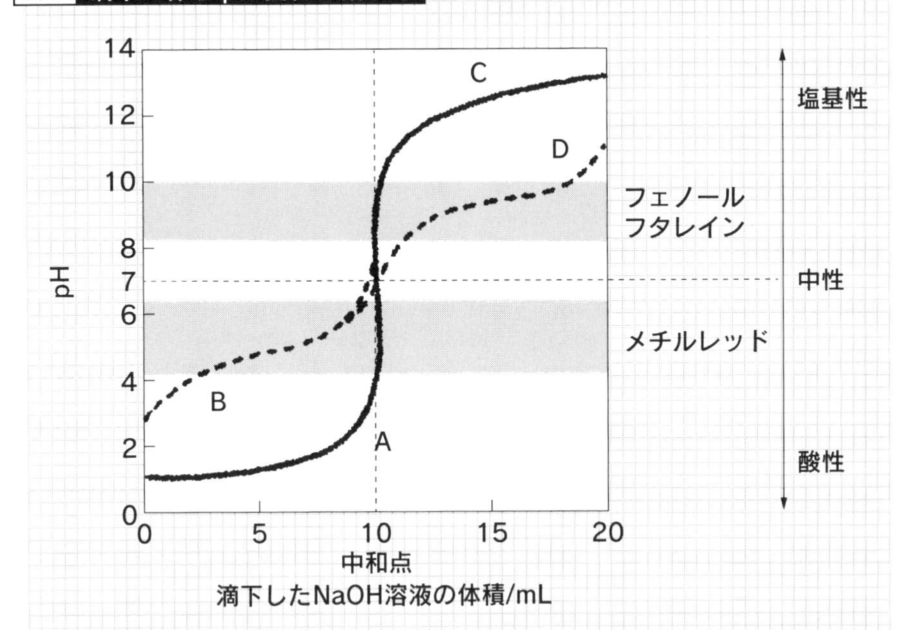

HCl の溶液は酸性ですから pH は低いです。しかしここに塩基である NaOH を加えると、中和されてやがて中性（pH7）になり、ついには塩基性になります。

◉中和反応を用いた容量分析を中和滴定という。
◉中和滴定では滴定によって変化する系の pH を監視し、中和がちょうど完全に終了した時点で滴定を止めればよい。

6-3 中和点と指示薬

酸と塩基の組み合わせによっては、中和点の pH は必ずしも中性の 7 になるとは限りません。そのような場合はどうすればよいのでしょうか。

1 中和点の pH

前節のグラフで、曲線 A–C は強酸と強塩基の組み合わせによるものでした。ところが、組み合わせを変えると、いろいろな変化が起こります。前節のグラフの曲線を見てください。中和点は NaOH 溶液10mL を加えたところです。

・曲線 A–D：強酸とアンモニア NH_3 のような弱塩基の組み合わせによる pH 変化です。中和点では pH が 7 以下、すなわち酸性になっていることがわかります。

・曲線 B–C：酢酸 CH_3COOH のような弱酸と強塩基の組み合わせです。中和点での pH は 7 以上、すなわち塩基性になっています。

・曲線 B–D：弱酸と弱塩基の組み合わせです。pH 変化はなだらかであり、中和点近傍でも著しい変化は見られませんが、中和点では pH = 7 となっています。

2 指示薬

滴定反応では反応が終了した時点（中和滴定では中和点）を一般に当量点といいます。この当量点を知るために指示薬という試薬を用います。指示薬というのは、当量点を色の変化で教えてくれる試薬です。よく知られた指示薬を表 1 に示しました。

指示薬でよく知られたのはリトマス試薬でしょう。これは酸性では赤ですが、塩基性では青に変色します。また、フェノールフタレインは酸性では無色ですが、pH = 8.3～10.0では赤に変わります。

フェノールフタレインは次のように使います。つまり、弱酸の未知試料を強塩基で滴定する際の pH 変化は曲線 B–C です。この際、試料溶液にフェノールフタレインを入れておくのです。滴定が始まった直後は溶液は酸性ですから、無色です。しかし、標準試薬を入れていき、中和点に達して塩基性になった時点で溶液は突如赤く変化します。そこで、滴定を中止し、加えた標準溶液の体積を量ればよいのです。

表1　主な指示薬

名 前	酸性色	変色 pH	塩基性色
メチルオレンジ(MO)	赤	3.1～4.4	橙黄
メチルレッド(MR)	赤	4.2～6.3	黄
リトマス	赤	4.5～8.3	青
ブロモチモールブルー(BTB)	黄	6.0～7.6	青
フェノールフタレイン(PP)	無	8.3～10.0	赤

メチルオレンジ

メチルレッド

フェノールフタレイン

ブロモチモールブルー

中和滴定に用いる試薬の組み合わせによっては、中和点が酸性になったり、塩基性になったりします。それに合わせて指示薬を使い分けることが必要です。

◉酸と塩基の組み合わせによっては、中和点の pH は7とは限らない。
◉当量点を色の変化で教えてくれる試薬を一般に指示薬という。
◉中和滴定では表1に示した指示薬がよく使われる。

6-4 酸化・還元滴定

酸化・還元反応を用いた容量分析を酸化・還元滴定といいます。金属イオンの濃度測定によく用いられます。ここでも指示薬が重要となります。

1 酸化・還元滴定の原理

酸化・還元滴定は濃度未知試料の濃度を、酸化・還元反応を用いて決定しようという滴定です。すなわち、試料が酸化されやすい性質の場合には還元剤を標準溶液とし、反対に試料が還元されやすい場合には酸化剤を標準溶液とします。

2 酸化・還元反応の実際例

鉄の２価イオンFe^{2+}を含むが、その濃度が未知の溶液を未知試料としましょう。この濃度をセリウムの４価イオンCe^{4+}イオンを標準溶液として決定することにします。

滴定の反応式は (1) のとおりです。Fe^{2+}は酸化されてFe^{3+}となり、反対にCe^{4+}は還元されてCe^{3+}となります。つまり、標準溶液のCe^{4+}は酸化剤として働いていることになります（図１）。

3 当量点

この滴定の当量点を知るには、鉄に着目してもよいですし、セリウムに着目しても結構です。

鉄に着目するなら、Fe^{2+}がなくなった時点が当量点です。また、セリウムに着目するなら、加えたCe^{4+}が反応しなくなった時点、すなわち、Ce^{4+}が試料溶液中に存在し続けるようになった時点です（図２）。

この滴定の指示薬としては鉄に反応するオルトフェナントロリンが最適です。この試示薬はFe^{2+}、Fe^{3+}、両方と反応して、次節で見るキレートという化合物を作ります。しかし、Fe^{2+}とのキレートは赤色ですが、Fe^{3+}とのキレートは無色です。

つまり、試料溶液にこの指示薬を加えておけば、Fe^{2+}が存在する間は溶液は赤く色づいています。しかし、当量点を超えてFe^{3+}だけになると溶液は無色になる、というわけです。

図１ 酸化・還元滴定の反応式の例

$$Fe^{2+} + Ce^{4+} \longrightarrow Fe^{3+} + Ce^{3+} \quad \cdots\cdots (1)$$

鉄の変化　$Fe^{2+} \longrightarrow Fe^{3+}$　：酸化された（還元剤）

セリウムの変化　$Ce^{4+} \longrightarrow Ce^{3+}$　：還元された（酸化剤）

図２ 当量点と指示薬の例

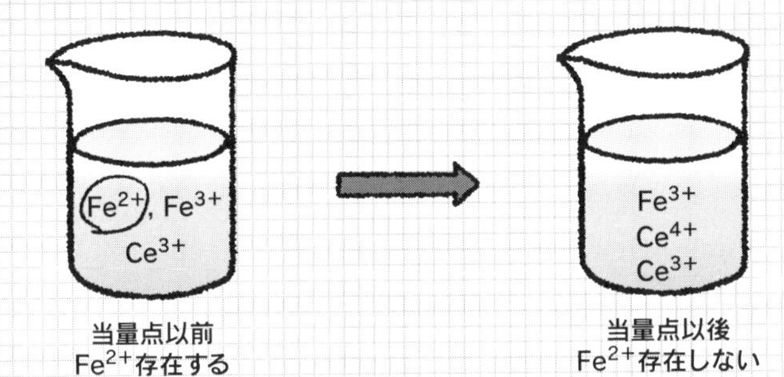

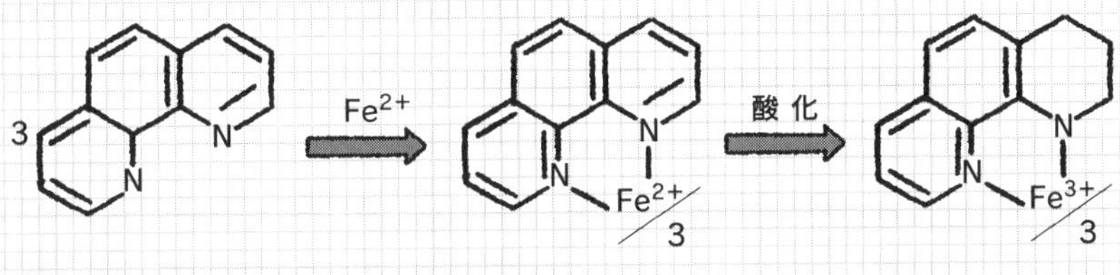

試料溶液に Fe^{2+}が存在すれば溶液は赤色です。しかし、Fe^{2+}がなくなれば溶液は無色になります。つまり、溶液の赤色が消えたときが当量点なのです。

- ◉酸化・還元反応を用いた容量分析を酸化・還元滴定という。
- ◉酸化・還元滴定は金属イオン溶液の濃度決定に用いられる。
- ◉酸化・還元滴定の当量点は指示薬で知ることができる。

6-5 キレート生成反応

容量分析反応の大切な分野にキレート滴定があります。キレートという言葉は本書でこれまで出たことがないので、よく見ておきましょう。

1 配位結合

原子と原子を結合する化学結合にはいろいろの種類がありますが、最も重要なのは共有結合といってよいでしょう。共有結合は結合する2個の原子AとBが共に1個ずつの不対電子を出し合い、それを結合電子として共有することによって成立する結合です。

共有結合と似た結合に配位結合があります。これは1つの軌道に2個の電子が入った非共有電子対を持った原子Cと、電子の入っていない軌道、空軌道を持った原子Dの間でできる結合です。キレートは配位結合でできた分子なのです。

配位結合も結合する2個の原子C、Dが2個の結合電子を持って結合する結合ですが、共有結合とは違いがあります。それは2個の結合電子がともに片方の原子Cだけからきているということです。しかし、どこからこようと、電子に違いはありませんから、配位結合ができてしまえば、共有結合と区別つかないことになります（図1）。

2 ルイスの酸・塩基

第3章で酸・塩基の定義としてルイスの定義を見ました。これは、

○酸：空軌道を持つもの

○塩基：非共有電子対を持つもの

というものでした。これは正しく配位結合を前提とした定義なのです。つまり、上で見た非共有電子対を持つ原子Cが塩基であり、空軌道を持つDが酸なのです。そして酸と塩基が出会うと配位結合を作って塩CDとなるのです。

非共有電子対を持つものはたくさんあります。水H_2O、アンモニアNH_3、有機物のアミン$R\text{-}NH_2$などは典型的なものです。空軌道を持つ最も簡単なものは水素イオンH^+です。金属イオンもd軌道に空軌道を持っています（図2）。つまり、金属イオンはH_2OやNH_3と配位結合で結合することができるのです。これがキレートを作る結合なのです。

図1 配位結合

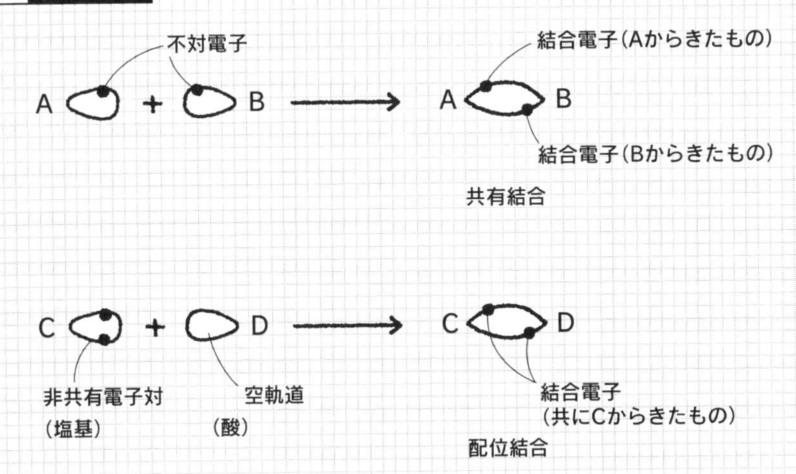

図2 非共有電子対を持つものの例

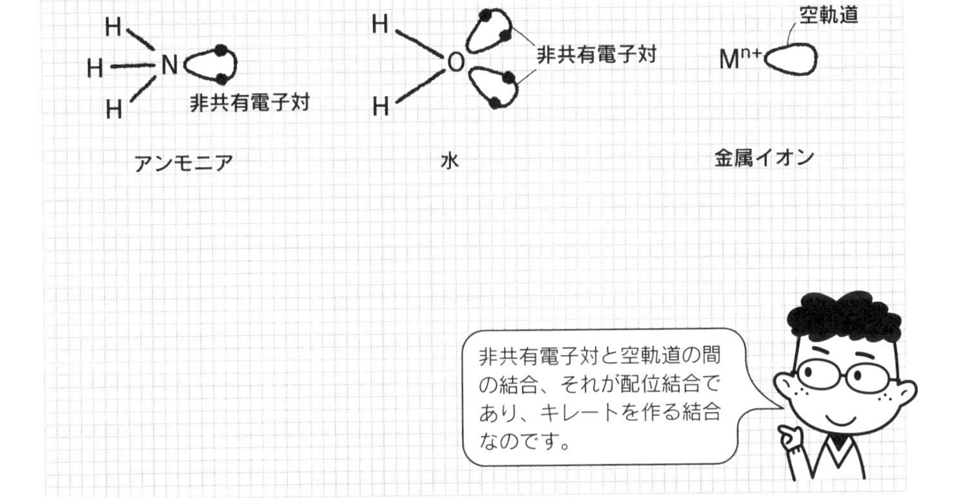

◉非共有電子対と空軌道の間にできる結合を配位結合という。
◉H_2O や NH_3 は非共有電子対、金属イオンは空軌道を持つ。
◉金属イオンと H_2O、NH_3 などは配位結合で結合できる

6-6 キレート試薬と配位

キレート滴定というのは、金属イオンとキレート試薬の間の配位結合を利用して金属イオンの濃度を測定する容量分析法です。

1 キレート試薬

キレート試薬は、非共有電子対を持ち、金属イオンと配位結合を作ることのできる試薬のことをいいます。キレートというのは、ギリシア語で蟹（カニ）のことをいいます。つまり、蟹のように、2本のハサミで金属イオンを捕まえる試薬という意味なのです。

最も簡単なのはエチレンジアミン（記号：en）です。この分子は図1のようにエチレン $H_2C=CH_2$ に2個のアミノ基 NH_2 が着いた形の分子です。アミノ基はアンモニア NH_3 と同様に非共有電子対を持っています。つまり en は2個の非共有電子対を使って、金属意イオンを捕まえることができるのです。キレート試薬にはエチレンジアミンテトラアセテート（EDTA）もよく知られています

2 配位数

金属イオンに配位結合する分子を一般に配位子（記号：L）といいます。配位子が持っている非共有電子対の個数を配座数といいます。en は2個の NH_2 で配位できるので二座配位子といいます。

一方、EDTA は反応するときはカルボキシル基 COOH の H^+ を外して COO^- となった $EDTA^{4-}$ の形で配位結合します。$EDTA^{4-}$ は4個の COO－とともに2個の窒素原子 N で配位することができるので、六座配位子ということになります。

金属イオンが持っている空軌道の個数を配位数といいます。金属イオンの中には配位数が2個、4個、6個のものなどがたくさんあります。

それぞれの配位数の金属イオンが、配位子と結合してどのような構造になるのかを図2に示しました。正方形、正四面体、正八面体など、規則的な美しい形に注目してください。

2座配位子の en が配位子の場合、4配位のイオンは2個の en、6配位のイオン3個の en と結合します。また6座配位子の $EDTA^{4-}$ は1個で6配位イオンの全ての配座と結合することができます。

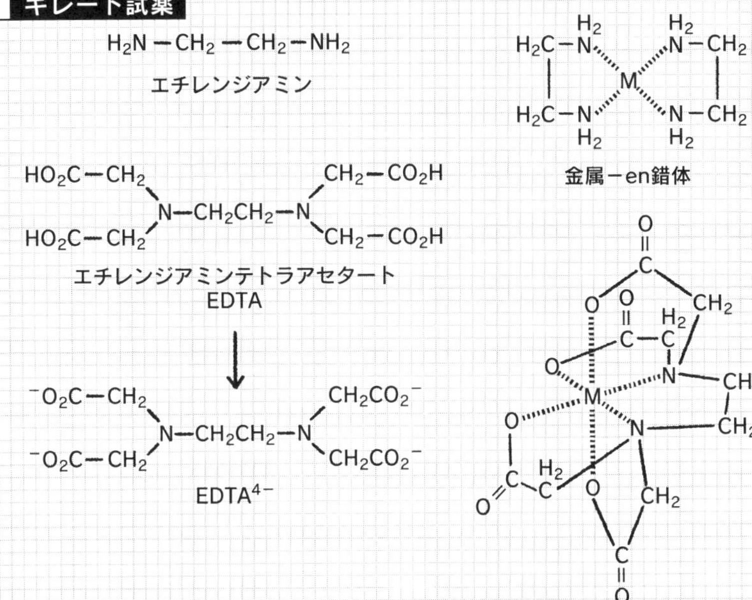

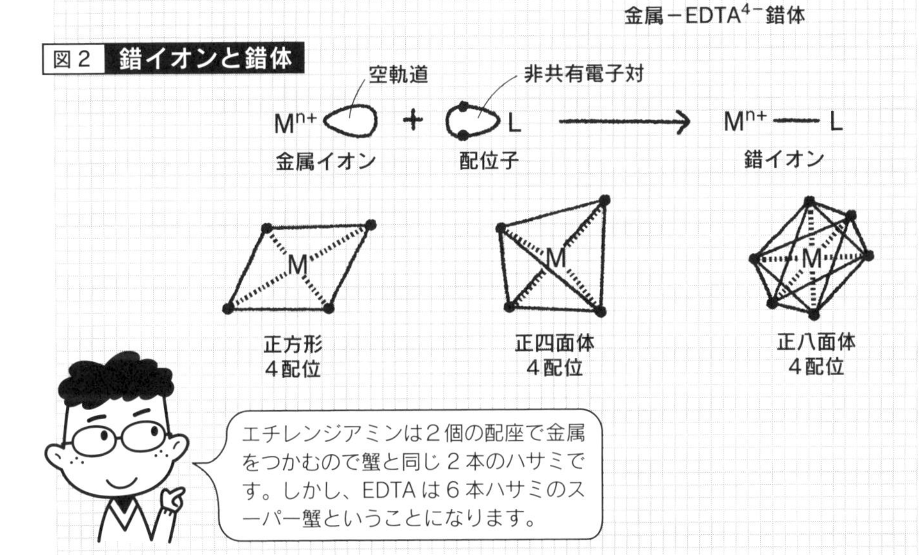

ポイント

- ◉配位子は非共有電子対で金属イオンの空軌道と結合する。
- ◉配位結合できる反応点を2個以上持つ配位子をキレート試薬という。
- ◉金属イオンは何個もの配位子と結合することができる。

6-7 キレート滴定の実際

キレート化学はタンパク質、酵素などと関係し、現代無機化学の中心課題の一つですが、キレート滴定の手法はこれまでに見てきた滴定と同様です。

1 キレート滴定の原理

金属イオン M^{n+} を含む溶液に適当なキレート試薬、例えば $EDTA^{4+}$ の標準溶液を加えていきます。溶液中の全ての M^{n+} がキレート試薬と反応したところで、加えたキレート試薬の体積を量れば M^{n+} の濃度を知ることができます。

図１は金属イオン、カルシウムイオン Ca^{2+} を含む試料溶液に $EDTA^{4+}$ の標準溶液を滴下した場合の Ca^{2+} 濃度の変化を表したものです。横軸が $EDTA^{4+}$ の滴下量であり、縦軸は Ca^{2+} 濃度の対数に－を掛けたもの（pCa^{2+}：pH と同じ表現法）です。

当量点は $EDTA^{4+}$ 濃度＝25mL です。図から、当量点で Ca^{2+} 濃度が突然小さくなっていることがわかります。

2 指示薬

問題はこの当量点をいかにして知ることができるか？ということです。ここでも指示薬が活躍します。しかもその指示薬がまたキレート試薬なのです。

キレート試薬には金属との結合の強いものと弱いものがあります。しかも、結合が弱く、その上、結合している時に呈色しているものがあるのです。

未知試料の中に、Ca^{2+} と弱く結合し、しかもそのキレートが赤いというキレート試薬、例えばエリオクロムブラック（記号 BT）を加えます（図２）。すると Ca^{2+} と BT が反応して Ca^{2+}–BT となり、試料は赤くなります。ここに $EDTA^{4+}$ を滴下します。すると $EDTA^{4+}$ は BT よりも結合力が強いので、Ca^{2+}–BT の結合を壊して Ca^{2+}–$EDTA^{4+}$ となります。このキレートは無色です。この反応が進行し、全ての Ca^{2+}–BT が Ca^{2+}–$EDTA^{4+}$ となった時点で、Ca^{2+}–BT による赤い色は消え去ります。これが当量点なのです。

図1　Ca^{2+} の EDTA 滴定曲線（Ca^{2+} 0.00500M、50.0mL）

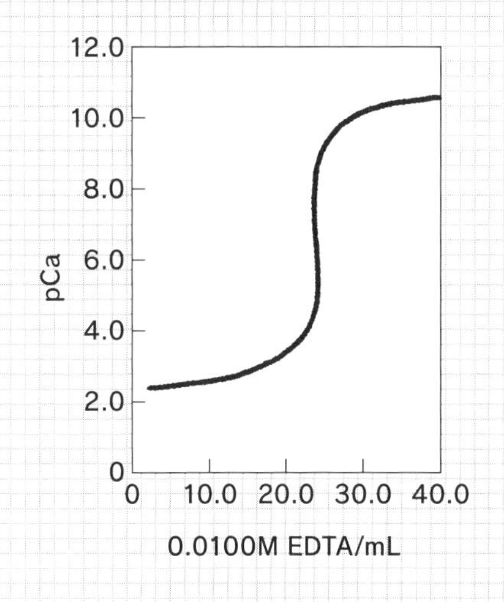

図2　エリオクロムブラック（BT）

Ca^{2+} を含む未知試料に BT を加えると Ca^{2+} −BT となって赤くなります。ここに EDTA を加えると Ca^{2+} −BT が Ca^{2+} −EDTA となって無色となります。この色の変化によって当量点を知ることができます。

コラム　デトックス

現代人は気づかないうちにいろいろの有害物質、毒物に晒されています。水銀 Hg、カドミウム Cd、鉛 Pb など、重金属もそのようなものです。

この重金属を体から除く、すなわちデトックス作用を持つ薬剤があり、それがここで見たキレート剤だという説があります。キレート剤は金属と反応します。しかもキレート剤は有機物なので、金属を補足した状態で人体の排泄機構に組み込まれ、金属もろとも排泄されるというのです。

しかし、試験管と人体は全く異なります。キレート剤のデトックス作用は医学的に証明されていません。お試しになるなら自己責任で、ということです。

- ◉M^{n+} と反応するキレート試薬の量を量れば M^{n+} の濃度がわかる。
- ◉当量点を知るには、M^{n+} との結合力が弱く、キレートに色があるキレート試薬を用いる。

第7章

電気化学分析

滴定反応の当量点を電流、電圧の変化で知ろうというのが電気化学分析の出発点です。しかし、その出発点から大きく前進し、ポーラログラフィー、サイクリックボルタンメトリー、電気泳動法などが開発されています。

7-1 電位差分析

電気化学分析の基本原理は、滴定における当量点を電気的に検知することです。つまり、これまでに見てきた滴定では当量点を指示薬の色の変化で検知しましたが、それを電気現象によって知るのです。

1 電気化学分析の種類

電気化学分析には、電位差だけを利用する電位差分析（ポテンショメトリー）と、電位差と電流の両方を用いる電位差電流分析（ボルタンメトリー）があります。ポテンショメトリーには溶液のpHを計るpHメーターがあり、ボルタンメトリーにはポーラログラフィーやサイクリックボルタンメトリーがあります。

2 イオン濃淡電池

電位差分析の基本はイオン濃淡電池です。これは濃度の異なる金属イオン溶液の間に電流が流れることを利用した電池です。

電流は電子の移動です。また、電流は電子（e^-）の移動と逆に流れます。電子（e^-）がA地点からB地点に移動したとき、電流はBからAに流れたと定義されています。電池というのは化学反応によって電子の移動を起こす装置のことなのです。

容器を素焼き陶板で二室に仕切り、片方Aに低濃度の硝酸銀$AgNO_3$水溶液、もう片方に高濃度の硝酸銀水溶液を入れます。両方に銀板A、Bを挿入し、これを導線で結びます。

すると、両室の濃度を揃える力が働き、低濃度のA室で銀板Aが陽イオンAg^+となって溶け出します。板上に溜まった電子はB室の銀板Bに導線を通って移動します。移動した電子は溶液中のAg^+が受け取り、金属銀として銀板Bに析出します。つまり、電子が銀板AからBに移動し、電流がBからAに流れたのです。

これはこの単純な装置が電池として働いたことを意味するのであり、この装置をイオン濃淡電池といいます。このとき、電子を発生した銀板Aを負極、電子を受け取ったB板を正極といいます。

反応が進むとA室ではAg^+が多くなるので、相対的に硝酸イオンNO_3^-が不足します。反対にB室ではNO_3^-が過剰になります。そこでNO_3^-が素焼き陶板の隔壁を通って移動します。

図1　電気化学分析の種類

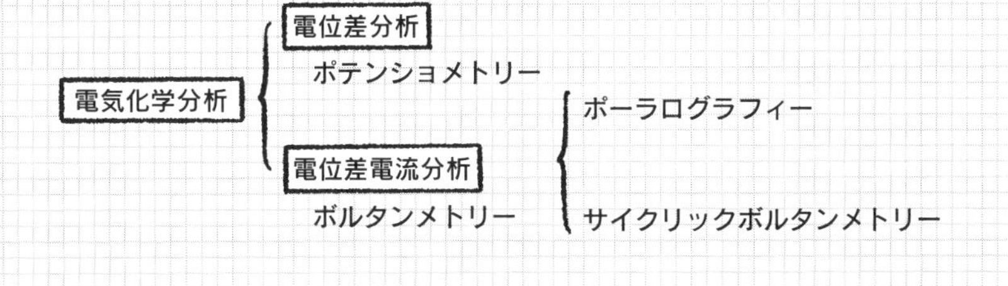

電気化学分析にはいろいろな種類がありますが、分類すると上図のようになります。

図2　イオン濃淡電池のしくみ

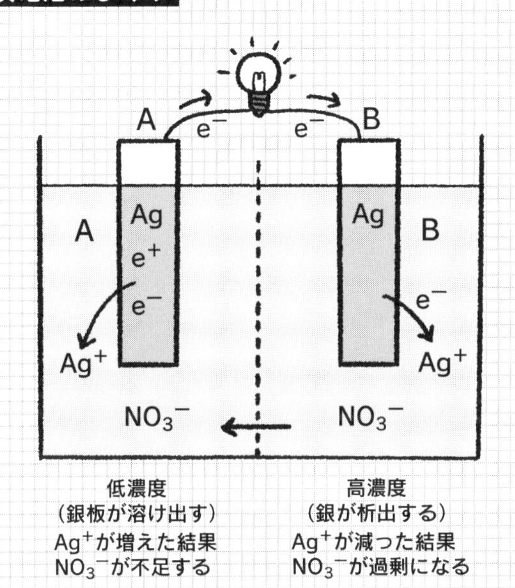

◉電位差によって当量点を検知する分析を電位差分析という。
◉電流は電子の移動であり、電流は電子の移動方向と反対に流れる。
◉濃度の異なる溶液の間には電流が流れて電池となる。

7-2

電位差滴定

電位差は簡単にいえば電圧です。電位差の変化によって当量点を知る滴定法を電位差滴定といいます。pH メーターを用いた中和滴定が典型的なものです。

1 ガラス電極

図 1 左は前節のページのイオン濃淡電池と同じものです。図右は左図の A 室を書き換えたものです。すなわち、B 室の中に底が素焼き陶板でできた円筒を入れ、その中を左図の A 室と同じ構造にしてあります。両方の電極を導線で結べば電流が流れ、電位差が測定されます。

この円筒部分は独立していますから、B 室から外に持ち出すこともできます。電位差を測定するときだけ B 室に挿入すればよいわけです。すなわち、この円筒部分は外部電極の役割をしているのです。

円筒の中の $AgNO_3$ 濃度を標準濃度にしておけば、その標準濃度に対する B 室の電位差を測定することができます。

このようにして作った外部電極の一つがガラス電極といわれるものであり、pH 測定機（pH メーター）の電極なのです。実際のガラス電極では底は陶板ではなく、イオンだけを透す特殊なガラス薄膜になっています。

2 電位差滴定による中和滴定

中和滴定において当量点を電位差で検知することにしましょう。装置はいつものとおりです。基本的には容器とビュレットですが、今回はガラス電極（参照電極）と測定電極（指示電極）を挿入し、pH メーターで系の電位差の変化を測定します。

未知試料は塩酸 HCl 水溶液、標準溶液は NaOH 水溶液とし、滴下量 1 mL で当量に達するように濃度調整をしておきます。図 2 右は滴下量と電位変化を表したものです。当量点で電位が大きくジャンプしていることがわかります。これは電位変化が非常に鋭敏であり、当量点を正確に知ることができることを示しています。

現在では中和滴定だけでなく、酸化・還元滴定、キレート滴定なども電位差滴定によって行われています。

図１　ガラス電極による電位差滴定のしくみ

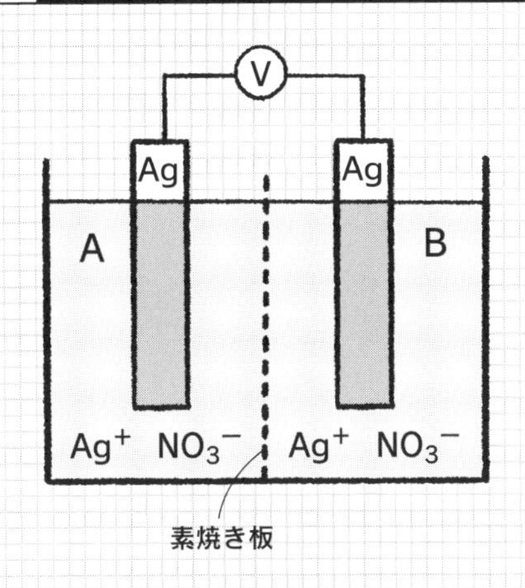

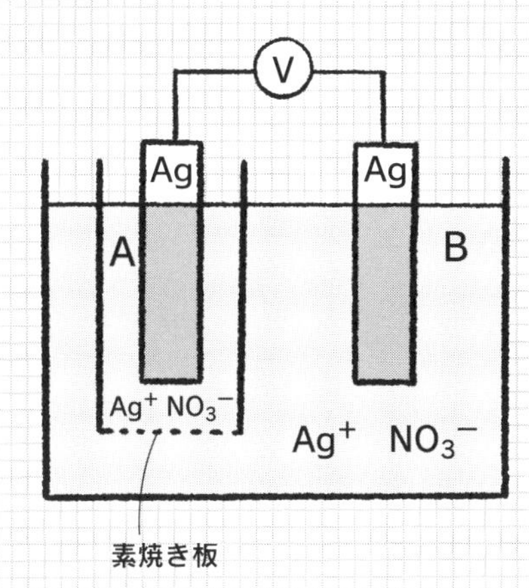

図２　電位差滴定による中和滴定

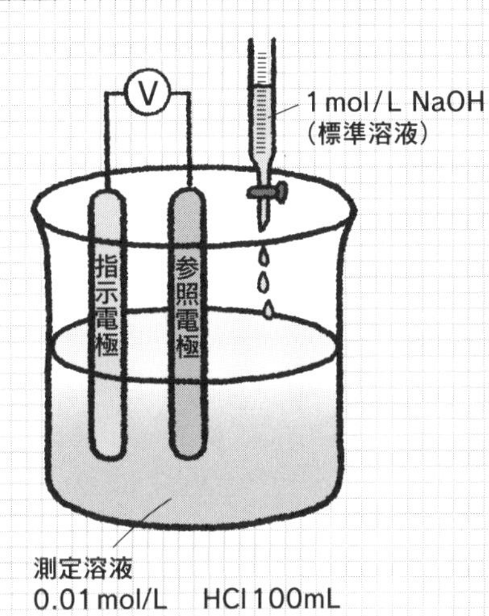

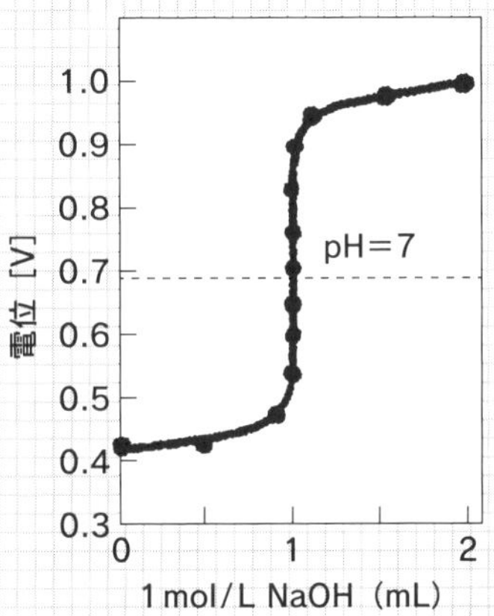

- ●イオン濃淡電池の一室を独立させたものがガラス電極である。
- ●中和滴定では当量点で電位の大きなジャンプがある。
- ●多くの滴定反応で電位差滴定が用いられている。

7-3 ポーラログラフィー

ポーラログラフィーは試料溶液にさまざまな電位の下で電流を流して、その電位と電流の関係を解析する分析法です。そのグラフは特徴的な鋸の歯状になります。

1 ポーラログラフィーの原理

ポーラログラフィーの特色はその電極にあります。電極がしたたり落ちる水銀なのです。装置の概念図（図１）を見てください。陰極が水銀溜めになっています。水銀溜めからは毛細管が伸び、そこから水銀が滴となって滴下されます。陽極は容器の底に溜まった水銀プールです。

このような装置で両極間に電位を掛けると電流が流れて陰極で溶質に電子が移動し、溶質の電気的還元（電解還元）が起こります。

図２はこのような装置で測定したグラフ、ポーラログラムです。グラフがギザギザと鋸（のこぎり）の歯状になっているのは、電極になる水銀の液滴が成長しては落下することを繰り返すことによるものです。

2 ポーラログラフィーの解析

電圧が低い間は残余電流という雑音のような電流が流れていますが、ある電位になると急に電流が流れ始めます。そしてある電位に達すると電流は飽和します。この飽和した後の電流を限界電流といいます。

ポーラログラフィーの利点は定性分析と定量分析の両方に使うことができるということです。

・定性分析

残余電流と限界電流の間の電流差を拡散電流といいます。拡散電流の半分の電流を流す電位を半波電位と呼びます。半波電位は物質（分子）固有の値になります。そのため、この数値を使って物質の同定を行うことができます。

・定量分析

拡散電流は溶質の濃度に比例することが知られています。したがって、拡散電流を、濃度既知の標準溶液の拡散電流と比較することによって試料溶液の濃度を決定することができます。

図１　ポーラログラフィーの概念図

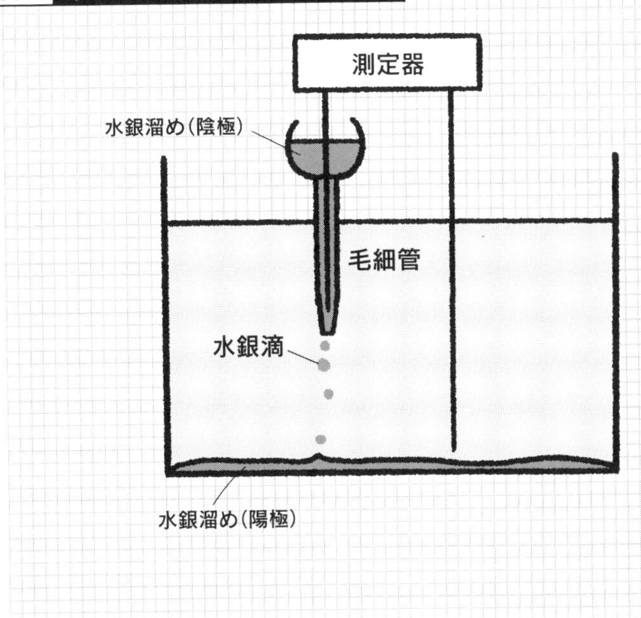

ポーラログラフィーでは滴下する水銀の液滴が電極になります。そのため、グラフが鋸の歯状になるのです。

図２　ポーラログラム

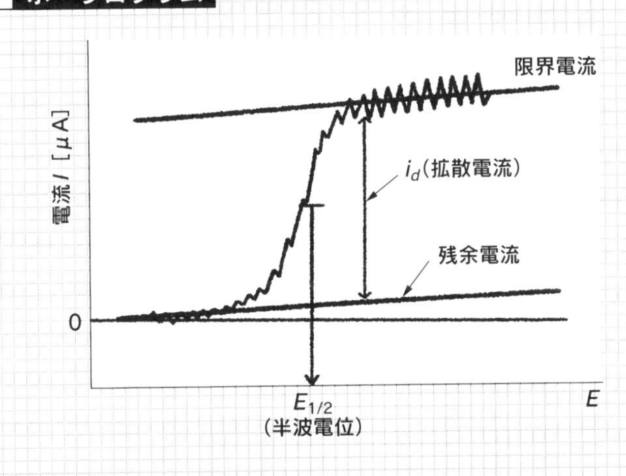

◉ポーラログラフィーは溶液を流れる電位と電位差の関係を測定する。
◉ポーラログラフィーの電極は滴下水銀である。
◉半波電位で溶質の種類を同定し、拡散電流で濃度を決定できる。

7-4 サイクリックボルタンメトリー

サイクリックボルタンメトリーは電位をプラスからマイナスに渡って変化させ、その際に試料溶液に流れる電流を測定するものです（図１）。そのためグラフはサイクル状になります。

1 可逆系のサイクリックボルタンメトリー

物質ＡとＢは、可逆的な酸化・還元反応によって相互変換できるものとしましょう。図２はこの系をサイクリックボルタンメトリーで測定したグラフです。

物質Ａの溶液にプラス電位で電流を流します。するとＡは酸化されてＢになります。電流は電位を大きくすとよく流れます。最大電流 b の流れた電位をＡの酸化電位と呼びます。しかしそれ以上電位を高めると電流値は少なくなります。そして、反応が進んで全てのＡがＢに変化すると電流は c となり、それ以上は流れなくなります。

そこで電位を逆にして掛けるとまた電流が流れはじめ、d になります。これはＢが還元されたせいで流れた電流なので、このときの電位を還元電位と呼びます。更に電位を下げると e に達し、それ以上は流れなくなります。そこで電位を上げるとグラフは出発の a に戻り、そこで以前の値に一致します。

つまり、グラフは閉じたサイクルを描きます。逆にいえば、グラフが閉じたサイクルを描いたら、その反応は可逆反応ということになります。

2 不可逆系のサイクリックボルタンメトリー

図３は不可逆系のグラフです。プラスの電位を掛けるとＡが酸化され、酸化電位が観察されます。しかし、電流が流れなくなった後、電位をマイナスに掛けても目立った電流変化はありません。また、出発時の電流にも戻りません。つまり、サイクルは閉じないのです。

サイクリックボルタンメトリーの酸化電位、還元電位はポーラログラフィーの半波電位と同じように物質固有のものです。そのため、これを使って物質を同定することができます。

また物質によっては酸化・還元が二段階で進行するものがあります。このような場合にもサイクリックボタンメトリーはそれぞれの電位を、明確に示すことができます。

図１　サイクリックボルタンメトリーの測定

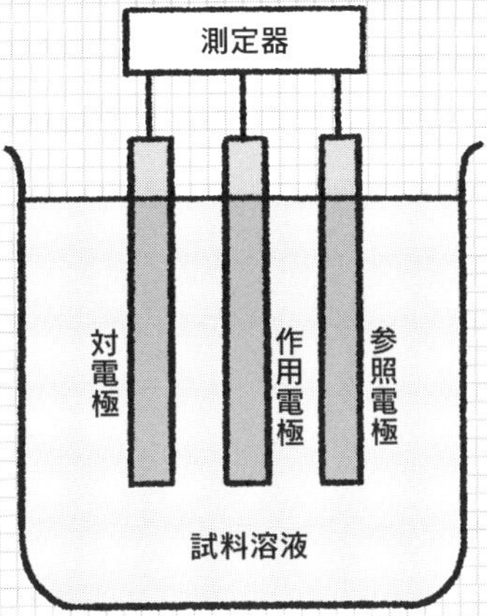

測定器
対電極
作用電極
参照電極
試料溶液

図２　サイクリックボルタンメトリーでの測定例

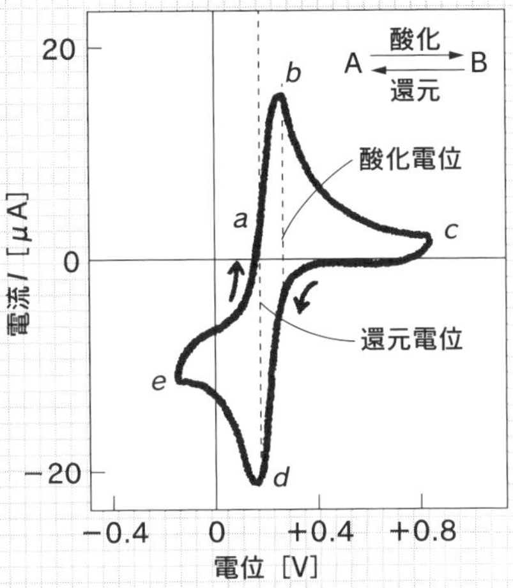

酸化
A ⇄ B
還元
電流 I ［μA］
電位 ［V］
20
0
−20
−0.4
0
+0.4
+0.8
a
b
c
d
e
酸化電位
還元電位

AとBの間の酸化・還元反応が可逆的な場合には、グラフは連続したサイクルを描きます。

図３　不可逆系のサイクリックボルタンメトリー

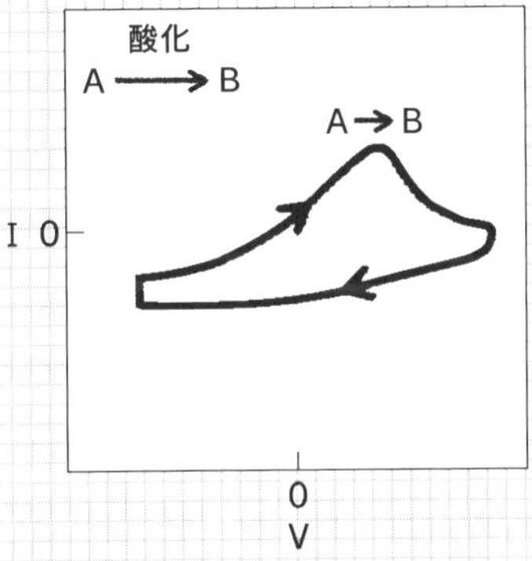

酸化
A ⟶ B
A→B
I 0
0
V

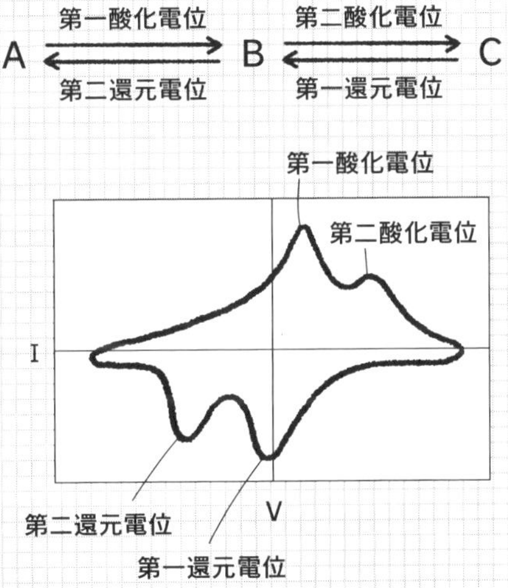

第一酸化電位　第二酸化電位
A ⇄ B ⇄ C
第二還元電位　第一還元電位

第一酸化電位
第二酸化電位
I
V
第二還元電位
第一還元電位

◉電位をプラスからマイナスに渡って掛け、流れた電流量を量ると、可逆系のグラフは閉じたサイクルになる。
◉酸化、還元が起こる電位をそれぞれ酸化電位、還元電位という。

7-5 電気泳動法

同じ電荷の間には静電反発が起き、異なる電荷の間には静電引力が働いて引き合います。これを応用したのが電気泳動です。イオンが電極間を移動する時間によってイオンの種類を推定することができます。

1 電気泳動の原理

両端に電極を設置した細いガラス管内に金属イオンを含む溶液を入れ、電極に数百～数万ボルトの直流電圧を掛けます。すると金属イオン（陽イオン）は陰極の方に移動します（図１）。

同じことを数種類の金属イオンを含む溶液に対して行います。すると金属イオンは陰極に向かって移動しますがその速度にはイオンごとに違いが出ます。この速度、イオン移動度はイオンの価数、イオン分子の物理的な大きさ、溶媒との親和性などによって異なります。

したがって、ガラス管の適当なところにセンサを設置して、移動したイオンの個数を測定すれば各成分イオンの種類数、および相対的な濃度を知ることができます。また、センサを通過した時間（泳動時間）によってイオンの種類を推定することもできます。

2 電気泳動のグラフ

図２は電気泳動法における泳動時間とその相対濃度を示したものです。移動速度の最も速い Br^-（ピーク①）から、最も遅い $H_2AsO_4^-$（ピーク⑧）まで、綺麗に分離されています。

このようなグラフから、イオンの種類を同定することはできません。このグラフからわかることは、この溶液に含まれるイオンの種類は“少なくとも”８種類ある、ということだけです。

しかし、測定者の経験と勘から、この試料には Br^- が含まれている可能性があると見当がついたとします。そうしたら、このグラフと同じ測定条件で Br^- 単独の泳動時間を測定するのです。Br^- の泳動時間がピーク①と同じだったら、ピーク①は Br^- である可能性が高い、ということになります。しかし、決定ではありません。

さらに確認するためには、試料に少量の Br^- を混ぜて測定するのです。もし、ピーク①が２本のピークに分裂したら、ピーク①は Br^- に基づくものではない、ということになってしまいます。

図1　電気泳動

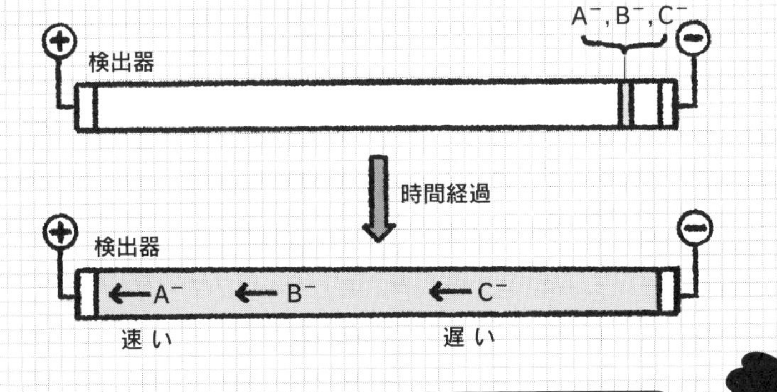

イオンは両電極間を移動しますが、その速度はイオンの種類によって異なります。それを測定したのが下図です。

図2　泳動時間と相対濃度

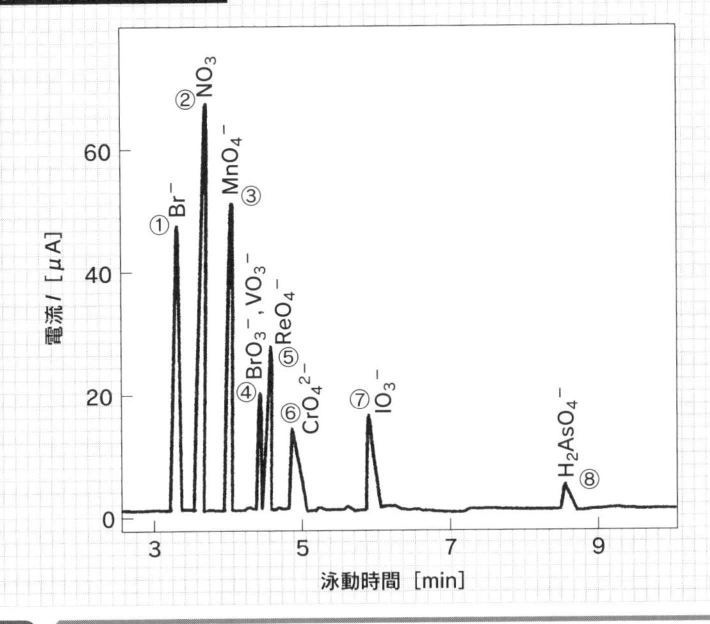

- ●同じ電荷は静電反発し、異なる電荷の間には静電引力が働く
- ●イオンが電極に向かって移動する速度はイオン固有である。
- ●イオンの移動速度の違いを用いてイオンを分離同定できる。

第8章

化合物の分離操作

混合物を各成分に分離するのは分析化学の重要な使命です。ろ過、溶媒抽出、蒸留など、いろいろな手段があります。蒸留では共沸という厄介な問題が横たわっています。

ろ過

混合物から成分を単離精製する技術は分析化学の基本技術です。中でも溶液中に析出した沈殿を分け取るろ過は最も基礎的でかつ重要な技術です。

1 ろ過の基本技術

多成分からなる混合物から特定の成分だけを分離して取り出すことを一般に単離といいます。ろ過というのは、多成分からなる溶液中に沈殿した沈殿（結晶）を溶液から取り出す操作をいいます。

最も基本的なろ過はロートとろ紙を用いるものです。丸いろ紙を四つに折り、一辺を開いてロートに装着します。ロートを適当な容器の上に設置し、開いたろ紙の中に沈殿を含んだ溶液を流し入れます。なお、ろ紙をひだ折りにすると溶液との接触面積が増え、ろ過時間が短縮されます。

すると溶液（ろ液）はろ紙の目を通過して下の容器に流れ入りますが、固体の結晶はろ紙の上に残ります。この結晶を適当な洗液（蒸留水など）で洗い、ろ紙から適当な容器に移します。そのまま空気中で乾燥（風乾）するか、必要ならデシケータなどに入れて乾燥します。

2 減圧ろ過

化学操作の基本に真空技術があります。真空といってもいろいろあります。大気圧は水銀柱で760mm（1013Hp）ですが、真空には水銀柱で30mm 程度の低真空から10^{-3}とか10^{-5}mm の高真空までいろいろあります。

30mm 程度の低真空ならアスピレーター（図２）を用い、それ以上の真空ではオイル拡散ポンプなどの真空ポンプを用います。アスピレーターは水の流速を用いて真空を作るもので、水道の蛇口に長さ10cm、直径1.5cm ほどのステンレス製器具を取りつけるだけで手軽に真空を作れます。

減圧ろ過では図３のような装置を用います。ろ過鐘という釣鐘状のガラス器具の中に容器を入れ、ろ過鐘の上の口にロートを設置します。ロートにはたくさんの孔のあいた丸い円盤状の目皿を設置し、その上に、目皿に合わせて切った丸いろ紙を置きます。アスピレーターでろ過鐘内を真空にし、ロートに溶液と結晶を注ぎます。すると溶液（ろ液）は直ちに容器内に吸い取られ、結晶がろ紙上に残ります。有機化学実験では必須アイテムです。

図１　ろ過の見本

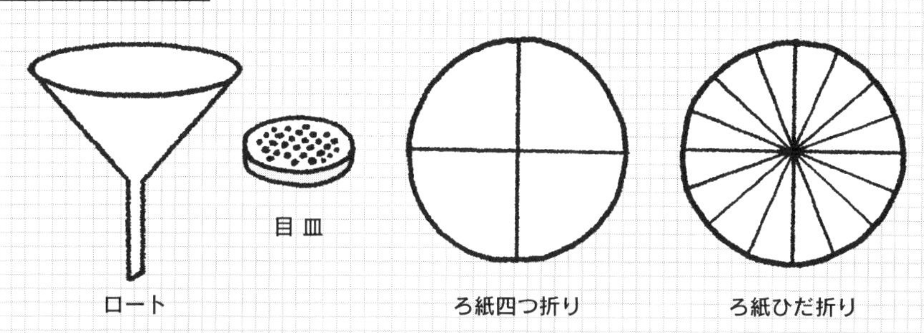

図２　アスピレーター

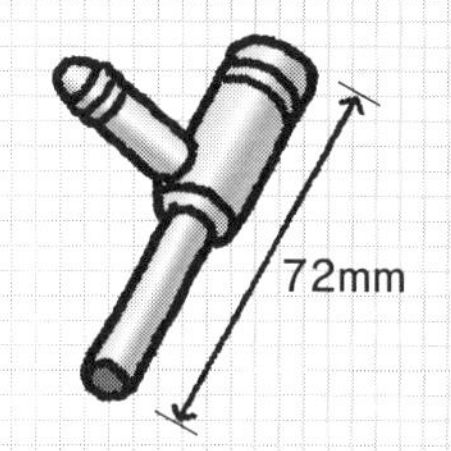

アスピレーターは簡単な構造の器具ですが、ベルヌーイの定理によって低圧を作り出すことができます。化学実験室に必須のアイテムです。

図３　減圧ろ過

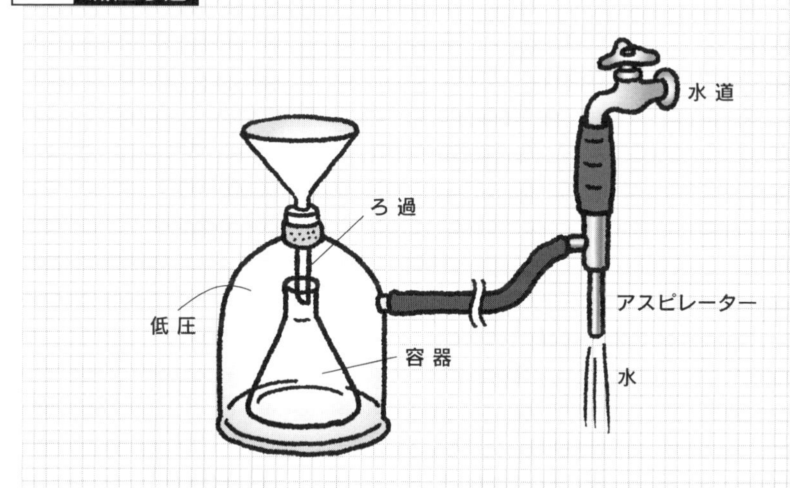

- ◉ろ過はロートとろ紙を用いて溶液と結晶を分ける技術である。
- ◉真空ろ過は短時間でろ過することができる。
- ◉真空をつくるには、アスピレーターや真空ポンプを用いる。

8-2 溶媒抽出

溶媒の溶解力を用いて混合物を成分に分離する操作を溶媒抽出といいます。天然物の分析には必須の技術です。お茶やコーヒーは熱水を溶媒とした溶媒抽出です。

1 抽出

抽出は混合物の中から、特定成分を溶媒に溶かし出す操作をいいます。抽出は実は、キッチンで日常的に行われています。

お茶を入れるというのは、お茶の葉にお湯（溶媒）を注いで、お茶の葉に含まれるカフェインなどの水溶性成分を水に溶かし出す操作です。コブやカツオブシからグルタミン酸やイノシン酸などのうまみ成分を引き出して、ダシをとる操作も抽出です。

天然物の成分を調べるときにも、水を使って水溶性成分を抽出し、有機溶媒を使って油溶性成分を抽出しと、溶媒を変えていろいろな成分を分離抽出することから始まります。

2 溶媒抽出

水溶性成分Aと油溶性成分Bの混合物の分離を考えましょう。混合物に水を加えて撹拌すればAだけ溶けて、Aの水溶液に不溶性のBが混じった状態になります。

ここにBを溶かす力のある有機溶媒としてエーテル $CH_3CH_2-O-CH_2CH_3$ を加えます。エーテルは比重が水より小さく、しかも水に混じりません。するとBはエーテルに溶けてエーテル溶液となります。

しかし、水とエーテルは混じらないので液体は二層に分離し、下の水層にはAが溶け、上のエーテル層にはBが溶けていることになります。この液体全体を分液ロートにいれます。分液ロートのコックを開いて下方の水層を容器に入れます。水層が出終わったところでコックを閉め、上の口からエーテル層を別の容器に移します。このようにしてAとBを分離することができます（図1）。

Aは水溶性ですが、エーテルにまったく溶けないわけでもありません。それぞれの溶媒に溶ける割合を分配係数といいます。分配係数の小さな溶媒が抽出に適していることになります。

図１ 溶媒抽出

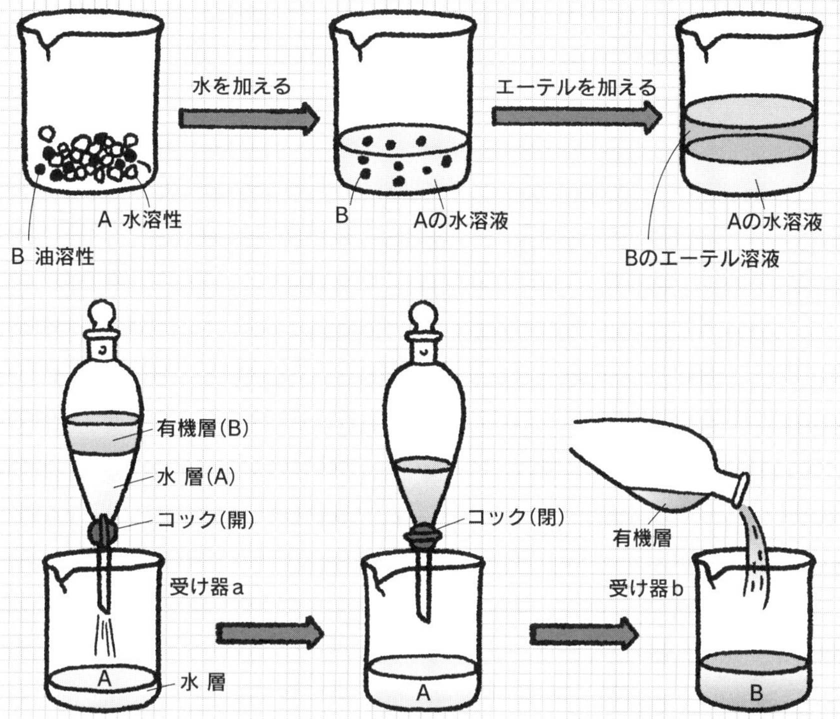

水を加える
エーテルを加える
A 水溶性
B 油溶性
B
Aの水溶液
Aの水溶液
Bのエーテル溶液
有機層(B)
水 層(A)
コック(開)
受け器a
水 層
A
コック(閉)
A
有機層
受け器b
B

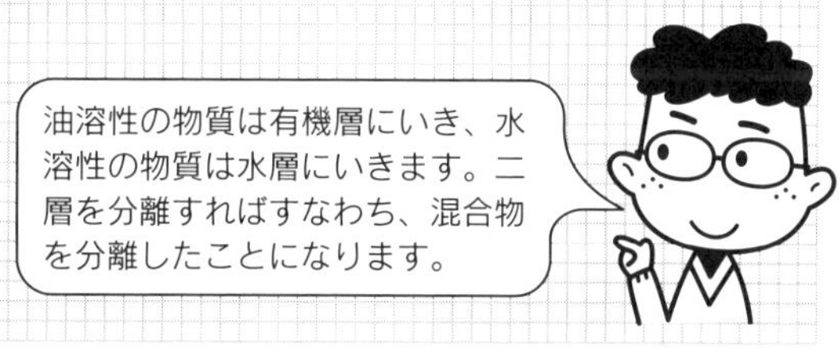

油溶性の物質は有機層にいき、水溶性の物質は水層にいきます。二層を分離すればすなわち、混合物を分離したことになります。

◉混合物から特定成分を溶媒に移す操作を抽出という。
◉溶媒の溶解力を用いて混合物を分離する操作を溶媒抽出という。
◉分配係数の小さい溶媒の組み合わせが抽出に適している。

8-3 蒸留

液体の混合物を分離する基本的な操作が蒸留です。蒸留は液体の沸点の違いを利用する分離操作です。蒸留は熟練を要する技術です。ここでは基本的な操作を見てみましょう。

1 蒸留装置

図1は最も基本的な蒸留装置です。分離しようと思う混合溶液を丸底フラスコに入れ、磁石でできた小さな回転子を入れます。それに蒸留塔、温度計、冷却器を接続します。冷却器にはホースを接続し、水道水などの冷却水を流し続けます。冷却器の下には適当な受け器を置きます。

加熱と撹拌を同時に行う加熱攪拌機の上にシリコン油の入ったオイルバス（油浴）を置きます。オイルバスに大型の回転子を入れます。加熱攪拌機の中には加熱のためのニクロム線の他に、モータに接続された棒磁石が内蔵されており、スイッチを入れると磁石が水平に回転し、それにつれてオイルバスとフラスコ内の回転子が回転して、撹拌を行います。

2 蒸留操作

試料は沸点の低い（a℃）Aと、高い沸点（b℃）のBの混合液としましょう。オイルバスを加熱して丸底フラスコを加熱すると、中の液体の温度が上昇します。

試料温度がa℃に達するとAが沸騰を始めます。Aの気体は蒸留塔を上り、温度計に達して気体の温度を示した後冷却器に入り、冷却されて液体となって下の容器にしたたり落ちます。

全てのAが出終わると気体がなくなるので、温度計の温度は下降します。しかし、受け器を別のものに換えてオイルバスの温度を上げると、フラスコ内の温度が上昇し、Bの沸点のb℃に達すると今度はBが沸騰を始めます。Bの気体は温度計に沸点のb℃を示した後、液体となってしたたり落ちます。

このようにして混合物からAとBをそれぞれ単離することができるというわけです。液体の沸点が高い場合には、系の内部全体をアスピレーターや真空ポンプを用いて減圧します。このような蒸留を特に真空蒸留といいます。

図１　**基本的な蒸留装置**

温度計
蒸留塔
蒸 気
冷却器
水
A
丸底フラスコ
混合溶液
オイルバス
水
回転子
A
エルレンマイヤー
フラスコ（受け器）
加熱攪拌機
台

図２　**蒸溜操作の例**

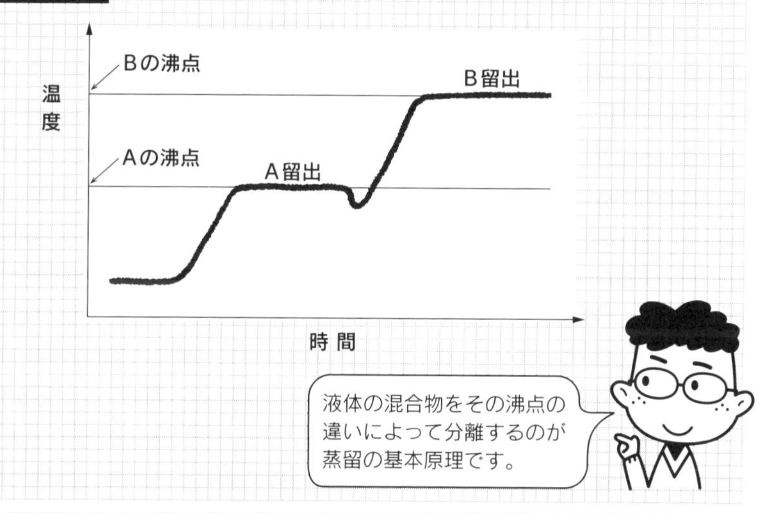

- ◉蒸留は液体の沸点の違いを利用して分離する操作である。
- ◉蒸留には蒸留装置といわれるものを組み立てて用いる。
- ◉液体の沸点が高い場合には真空蒸留を行う。

蒸留の原理

蒸留は液体の混合物を加熱して気体とし、沸点の違いを利用して分離する技術です。簡単なように見えますが、実は複雑な現象なのです。蒸留の原理はどうなっているのでしょうか。

1 状態図

物質は融点以下で結晶、沸点以上で気体となり、その中間温度では液体になっています。結晶、液体、気体などを物質の状態といいます。しかし、融点や沸点は圧力（気圧）によって変化します。ある圧力 P とある温度 T のもとで、その物質はどのような状態になっているのかを表す図を状態図といいます。

図1は水の状態図です。圧力、温度を表す点（PT）が図の領域Ⅰにあれば水は結晶、Ⅱ、Ⅲにあればそれぞれ液体、気体であることを示します。もし（PT）が線分ab上にあれば、液体と気体の共存状態、すなわち沸騰状態であることを意味します。線分abを見れば1気圧のときの沸点は100℃であることがわかります。そして圧力を下げれば沸点は低下します。これが真空蒸留の原理です。

2 溶液の沸点

図2は液体AとBが混じった溶液の状態図です。縦軸は温度、横軸はAとBのモル分率です。温度が液相線より低い場合は液体、気相線より高い場合には気体、そして網の掛かった部分では気液共存になっています。

液体を加熱して温度 T_1 にします。すると溶液は沸騰して気体を発生しますが、このときの気体の成分はAではありません。組成bの気体なのです。この気体が蒸留塔を昇る間に温度が落ちて T_2 になったとしましょう。すると気体の組成はcに変化します。そして温度がAの沸点 T_A になったときに純粋のAになるのです。

このように、蒸留では加熱された混合液体の液面から生じた気体は沸点の低い成分100%の気体ではありません。長い（高い）蒸留塔を昇る間に徐々にAの濃度が高まり、頂上に達したときに純粋になるのです。ウイスキー作りにはわざと昔ながらの分離性能の悪い蒸留器で蒸留します。それは旨みの素となる不純物を残しておくための知恵なのです。

図１ 水の状態図

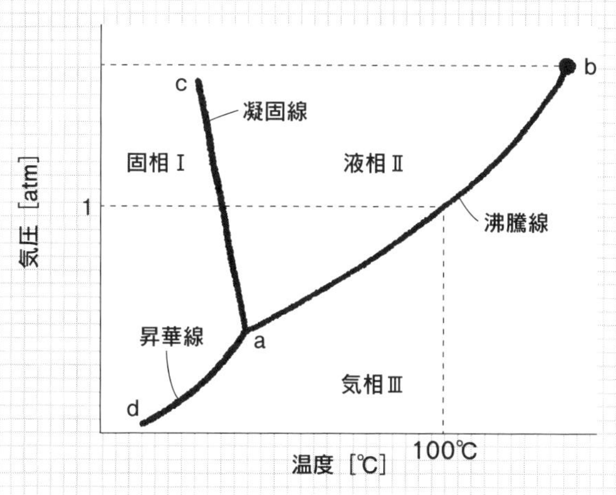

曲線 ab が水の沸騰を表します。1気圧では 100℃で沸騰することがわかります。そして圧力を低くすると、沸点も低くなります。

図２ 液体ＡとＢの溶液の状態図

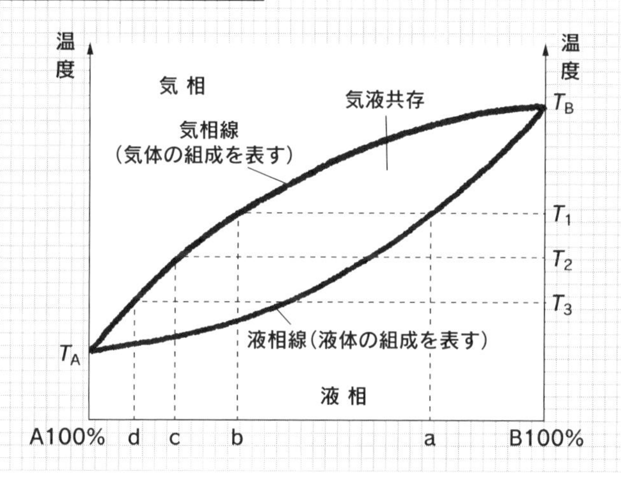

◉ある圧力、温度の下での物質の状態は状態図を見ればわかる。
◉圧力が低くなると沸点も低くなる。
◉溶液から発生する気体の組成は状態図の気相線を見ればわかる。

共沸現象

二種類の液体の混合物の中には、蒸留で分離することの不可能なものがあります。それが共沸混合物です。共沸混合物から純粋な単成分を得るには工夫が必要となります。

1 状態図に極少がある場合

図１はアセトン $(CH_3)_2CO$ と二硫化炭素 CS_2 の混合物の状態図です。気相線、液相線に極少があります。

アセトンと硫化水素の混合物の蒸留を考えてみましょう。組成 a の溶液を蒸留したとします。すると前節で見たように、最初に出てくるのはアセトンでも二硫化炭素でもありません。組成 M の両者の混合物です。この混合物が出終わった後に容器内に残るのがアセトンということになります。

したがってこの混合物は、単なる蒸留によってアセトンと二硫化炭素に分離することはできません。

2 状態図に極大がある場合

図２はアセトンとクロロホルム $CHCl_3$ の混合物の状態図です。上の例とは反対に気相線、液相線に極大があります。この場合に組成 b の液体を蒸留すると最初はアセトンが出ますが、最後に残るのはクロロホルムではなく、組成 M の混合物です。つまり、この場合にもアセトンとクロロホルムに分離することはできません。

共沸混合物を成分に分離する場合には、単なる蒸留以外の方法を考えなければならないことになります。

〈コラム〉水ーエタノール混合物の蒸留

水とエタノール CH_3CH_2OH の混合物はエタノール98% 濃度のところで共沸混合物になってしまいます。したがって、純粋なエタノールを蒸留で得ることはできません。

しかしこの場合は構わずに蒸留して98%濃度のエタノールを作ります。その後、この水混じりのエタノールに脱水材を加えて脱水し、その後、脱水材とエタノールを分離するため蒸留して純粋なエタノールを作ります。

図１　**アセトンと二硫化炭素の混合物の状態図**

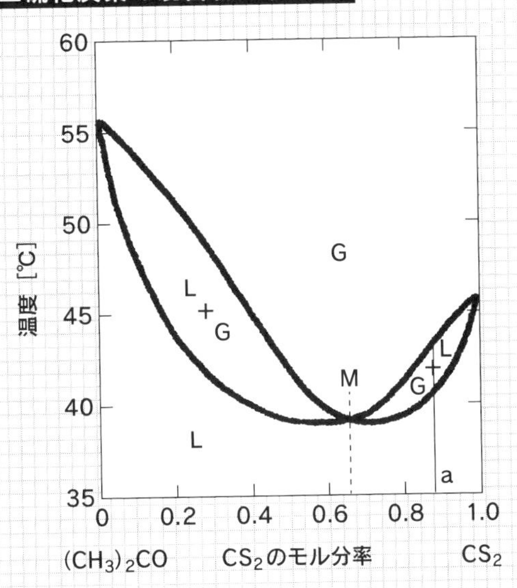

図２　**アセトンとクロロホルムの混合物の状態図**

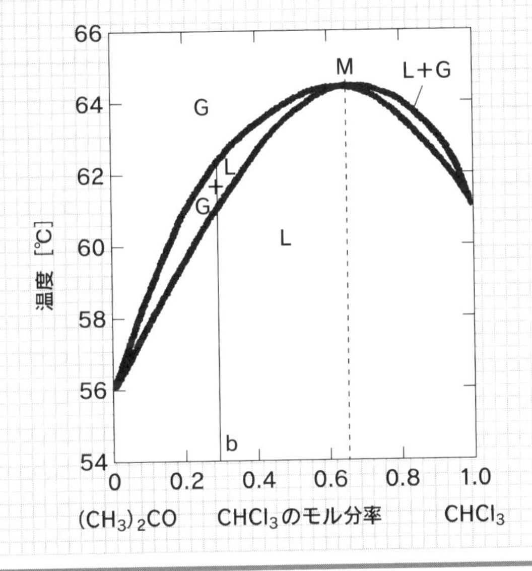

- ◉二種の液体の組み合わせによっては共沸混合物となることがある。
- ◉共沸混合物を二種の成分に分離することはできない。
- ◉共沸混合物の分離には単なる蒸留以外の手段を考える必要がある。

第9章 クロマトグラフィー

ペーパークロマトグラフィー

少量で多種類の成分が混じった混合物の分離は、クロマトグラフィーの独壇場といってよいでしょう。クロマトグラフィーにはいくつかの種類があります。

1 クロマトグラフィーの意義

気体、液体、固体を問わず、各種の混合物の中にどのような成分がどのような割合で混じっているのか、それは化学関係の研究にとってこのうえないほど重要な情報です。特に現代の最重要問題ともいえる公害の原因解明においては欠くことのできない情報です。

このような、混合物の成分の同定、その存在割合、更にはそれら成分の単離精製までやってしまうという、万能選手的な分析法がクロマトグラフィーです。現代化学はクロマトグラフィーなくして成り立たないといっても過言ではないでしょう。

そのクロマトグラフィーの原理はまことに単純明快です。クロマトグラフィーの原点ともいえるペーパークロマトグラフィーを見れば、その単純さがよくわかります。

2 ペーパークロマトグラフィーの実際

ペーパークロマトグラフィーはあっけないほどに単純です。水性ペンのインクに含まれる成分の分析を行ってみましょう。

ろ紙を1cm×10cmほどの長い短冊形に切ります。その下端から1cmほどのところに分析した水性ペンで大きめの点を書きます。コップ（展開槽）の底に5mmほどの水（展開溶媒）を入れ、そこに短冊の下端を入れて上部は器壁にもたれかけます。

10分ほどすると水はろ紙に染み渡って、ろ紙の上部に昇ります。それとともに、水性ペンで書いた点がいくつかのスポットに分かれて上昇します。水がろ紙の上端に達したところで分析終了です。

最初の点の位置から、水が達した最上部までにいくつかのスポットがあるでしょう。スポットの個数が成分の種類の最少数です。こんなに簡単な原理ですが、これが現代化学を支える分析技術の基本なのです。

図１　ペーパークロマトグラフィーの基本

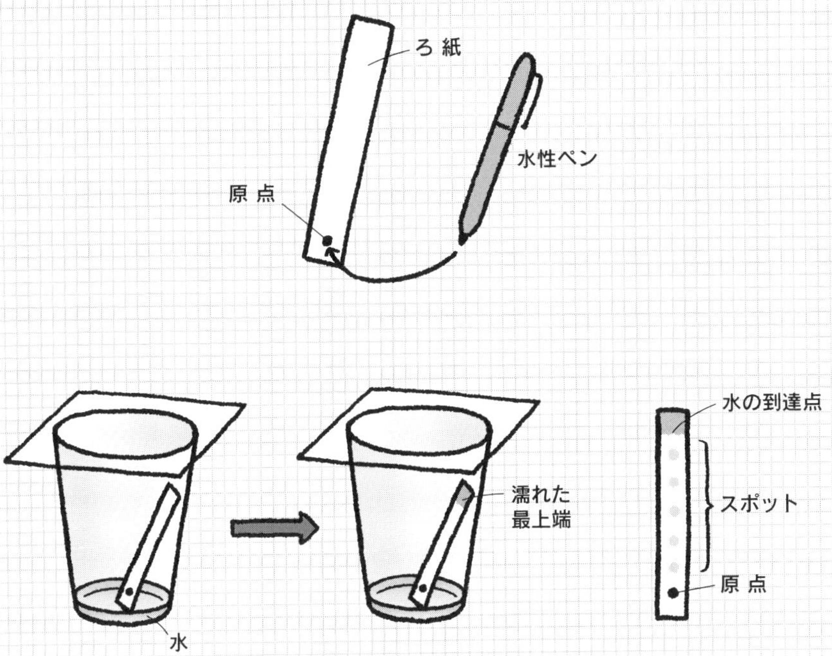

ろ紙
水性ペン
原点
水の到達点
濡れた最上端
スポット
原点
水

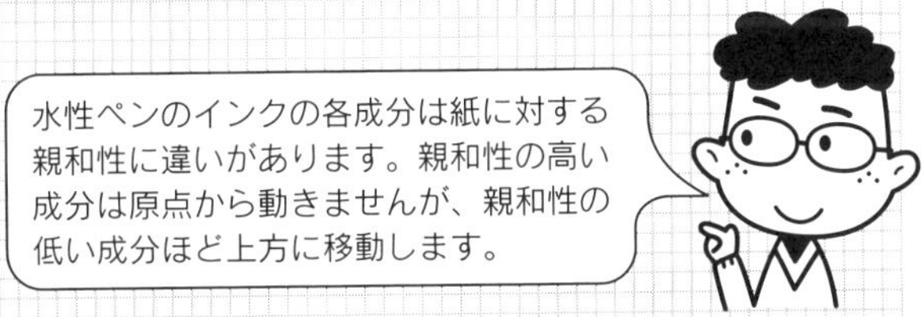

水性ペンのインクの各成分は紙に対する親和性に違いがあります。親和性の高い成分は原点から動きませんが、親和性の低い成分ほど上方に移動します。

◉クロマトグラフィーは混合物の成分の分離、同定、単離精製に欠かせない技術である。
◉ペーパークロマトは単純だが基本的なクロマトである。

薄層クロマトグラフィー

ペーパークロマトグラフィーを洗練したものが薄層クロマトグラフィーです。薄層クロマトグラフィーでは成分の種類を知る定性分析のほかに、実際に成分を分離して単離することもできます。

1 薄層クロマトグラフィー（TLC）の実際

クロマトグラフィーは、化学者の間ではクロマトと呼び習わしています。本書でもそうしましょう。

薄層クロマトグラフィー、thinlayer chromatography、TLC、薄層クロマトはペーパークロマトを規格化、厳密化したものといえるでしょう。薄層クロマトはシリカゲル SiO_2 やアルミナゲル Al_2O_3 の細かい粒子を、石膏などを接着剤として薄いプラスチックフィルムにコーティングしたものです。ゲルは多孔質の非常に細かい粒子です。

ペーパークロマトのフイルムは、ろ紙と同じように必要に応じてハサミで切り分け、ペーパークロマトと同じように用います。

2 薄層クロマトの限界と用途

ペーパークロマトや薄層クロマトが混合物の成分を分離する原理は次のようなものです。

クロマト用紙に付着した混合物の原点は、紙やゲル（吸着層）に吸着されます。そこに展開溶媒（水）が浸潤してくると、混合物の成分は混合溶媒にひかれて、ともに吸着層上を移動しようとします。しかし、吸着層との吸着がそれを妨げます。

移動させようとする力と、引き留めようとする力の駆け引きは、成分によって違います。その結果、ある成分は展開溶媒とともにサッサと上昇し、ある成分はユックリと上昇します。これが成分を分離する要因です。展開溶媒の上端と、成分の位置の比を Rf 値といいます（図１）。

Rf 値は分子に固有ですが、TLC にそれほど厳密な分析能力はありませんので、Rf 値を成分の同定に用いるのには限界があります。しかし TLC の利点はその簡便さです。A＋B → C において、反応がどの程度進行したのか、このような反応の進行度チェックには非常に便利な方法です（図２）。

また、TLC を自作して、厚い層にすれば、成分の単離精製に用いることもできます。

図1 **Rf値**

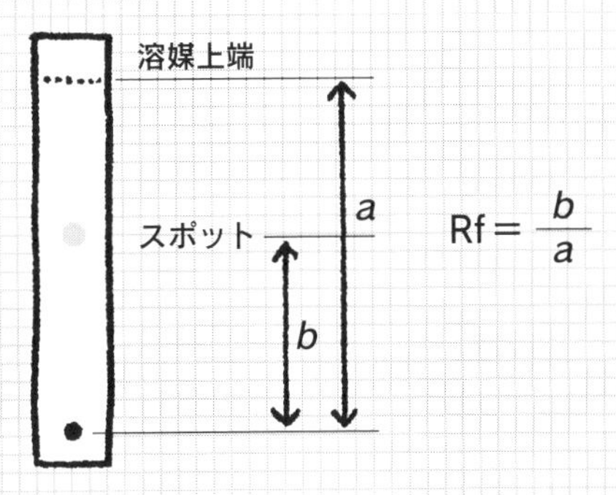

図2 **薄層クロマトグラフィーによる進行度チェック**

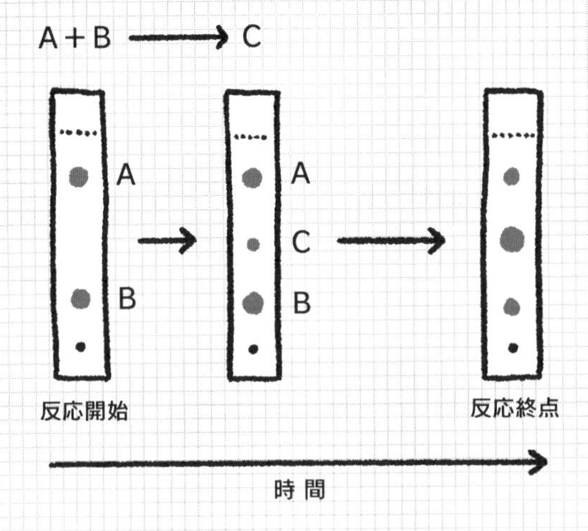

◉TLC では吸着層と展開溶媒の成分を引きつける力の相違が分離の原因になる。
◉TLC は定性分析だけでなく、成分の単離精製に使うこともできる。

カラムクロマトグラフィー

カラム、すなわちガラス円筒に詰めた吸着材によって混合物を分離する手段です。かつて有機化学における分離手法として他の追随を許さない手段でした。

1 カラムクロマトの実際

非常に単純です。下部にコックの着いた、適当な太さと適当な長さのガラス管に適当な量の吸着剤（シリカゲルやアルミナゲル）を入れます。吸着材の上部先端部分に試料を溶液にして加え、吸着剤に吸着させます。

カラムの上部空き部分に展開溶媒を入れ、下部のコックを開きます。展開溶媒は重力によって下部に浸潤していきます。そのとき、成分を溶かしてともに下部に連れていこうとします。しかし、吸着剤がそれを妨げます。その結果、成分が吸着剤の層を下降する速度に違いが出ます。

成分に色の違いがある場合には、分離の結果はカラムの吸着剤の層に色のついた縞となって現われます。したがって、その縞の下降に気をつけ、コックから流れ出る展開溶媒をその都度、別の容器に分け取れば、混合物の成分を分け取ることになります。

2 高速液体クロマトグラフィー

カラムクロマトは簡単な実験器具による簡単な技術ですが、展開溶媒の下降が重力と吸着材の吸着力に左右されるため、分離に長時間かかることがあります。

そこで、この時間を短縮しようという試みがなされます。その結果開発されたのが高速液体クロマトグラフィー、High-Performance Liquid Chromatography、HPLCです。

これは展開溶媒に圧力をかけて流速を早くし、展開溶媒の出口にセンサを置いて、屈折率や伝導度を計って、流出成分の変化をチェックし、それに応じて流出液の受け器を交換するという優れものです。吸着剤を詰めたカラムは各種が市販され、研究の物質に対応したものを購入すれば用が足ります。

いまや、合成を行う有機系の研究室にはなくてはならない必須アイテムとなっています。

図１　カラムクロマトのしくみ

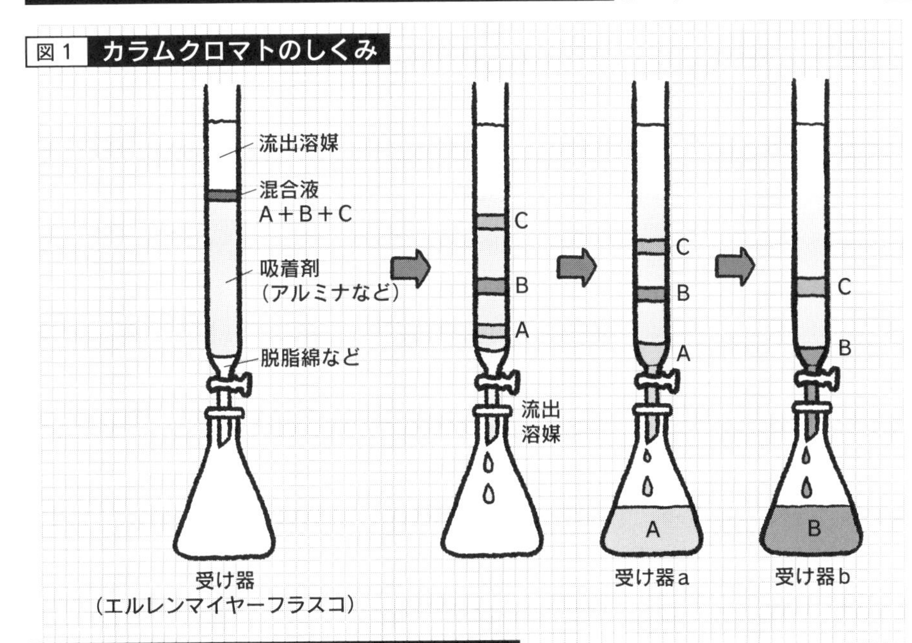

図２　高速液体カラムクロマトグラフィー

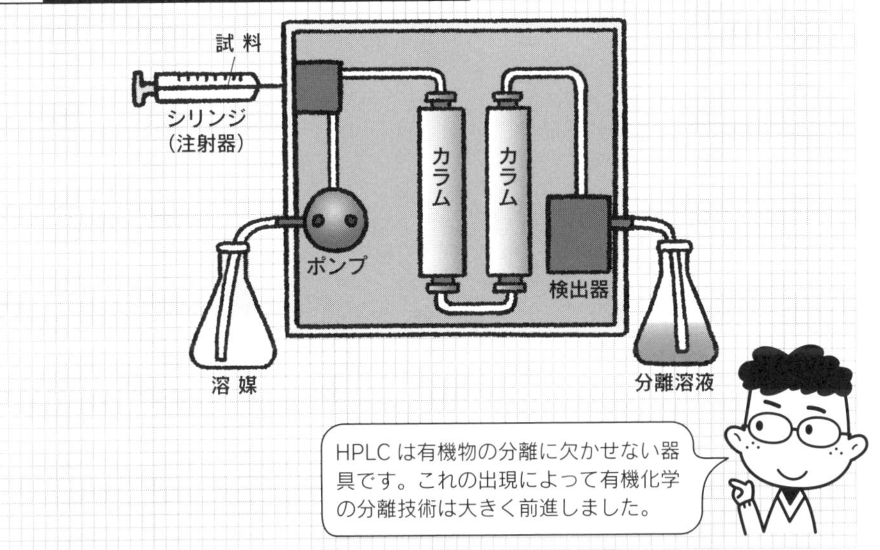

◉カラムクロマトはガラスカラムに入れた吸着剤による分離である。
◉カラムクロマトの展開溶媒に圧力をかけ、流出時間（分離時間）を短くしたのが高速液体クロマトグラフィーである。

9-4 イオン交換クロマトグラフィー

イオンを他のイオンに交換する高分子（樹脂）を用いたクロマトをイオン交換クロマトといいます。タンパク質などイオン性の物質の分離に用いられます。

1 イオン交換樹脂

図1は陽イオン交換樹脂の分子構造です。波のような曲線はポリエチレンのような高分子本体を表します。置換基として、図のようなベンゼン誘導体がついています。この置換基部分が陽イオンを他の陽イオンに交換します。図ではナトリウムイオン Na^+ を水素イオン H^+ に交換（置換）しています。

図Bは陰イオン交換樹脂です。塩化物イオン Cl^- を水酸化物イオン OH^- に交換しています。

カラムに両樹脂を詰め、上から海水を流したら、海水中の Na^+ は H^+ に、Cl^- は OH^- に交換されます。つまり、NaCl が H_2O になるので海水が淡水になるわけです。これが最も原理的なイオン交換クロマトです。もちろん、樹脂中の H^+、OH^- が全て Na^+ や Cl^- に交換されたらイオン交換能力はなくなります。しかし HCl や NaOH 水溶液を流したら復活します。

2 アミノ酸の分離

アミノ酸は一分子内に酸の原因となるカルボキシル基 COOH と塩基の原因となるアミノ基 NH_2 の両方を持った化合物です。そのため、酸性溶液中では H^+ がアミノ基に結合して陽イオンとなり、塩基性溶液中ではカルボキシル基が電離して陰イオンとなっています。

中性の状態でいる pH 領域を等電点といいます。アミノ酸は pH 変化に敏感であり、安定に存在するのは pH＝7の中性付近であり、ここでは陰イオンとなっています。

したがって、陰イオン交換樹脂を吸着材として詰めたカラムにアミノ酸を吸着させ、その後、塩基性の展開液を流せば、アミノ酸はイオン交換されて展開液に溶離します。しかしその難易度はアミノ酸によって異なりますから、アミノ酸が分離されることになります。

このカラムは前節で見た高速液体カラムクロマトに装着されるのが普通です。

図１ イオン交換樹脂

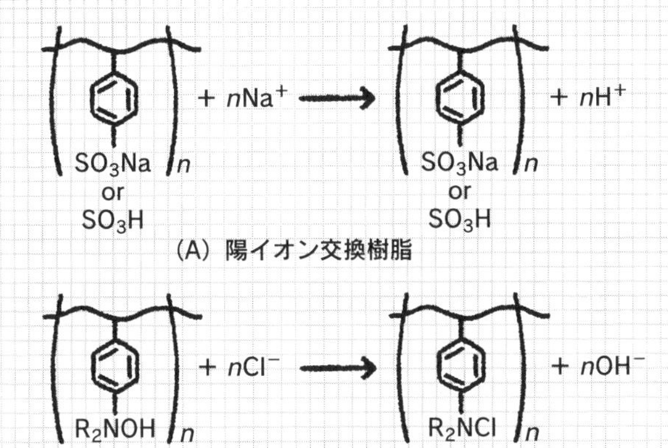

(B) 陰イオン交換樹脂

図２ アミノ酸の分離

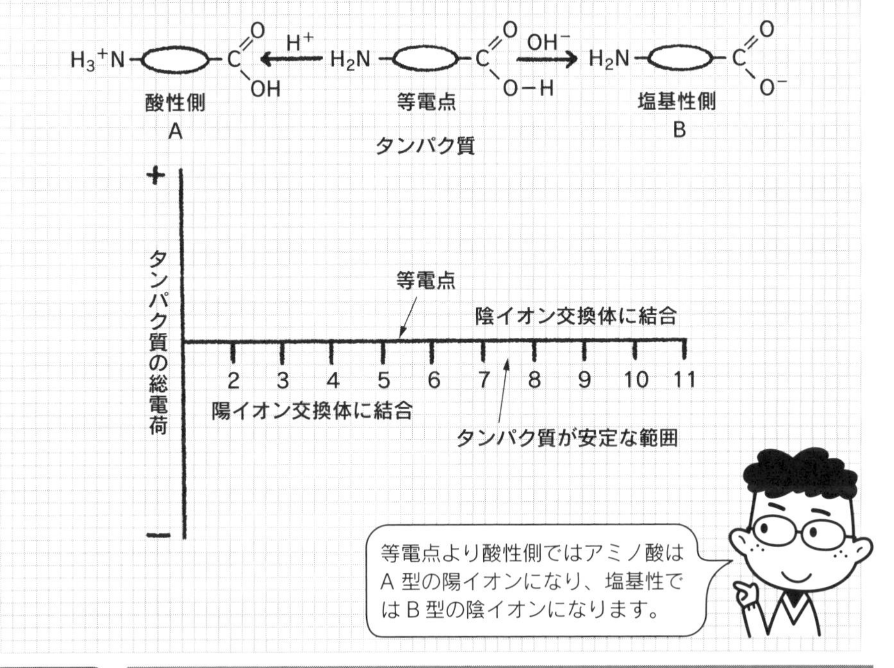

◉イオンを他のイオンに交換する樹脂をイオン交換樹脂という。
◉タンパク質は酸性では陽イオン、塩基性では陰イオンとなっている。
◉イオン交換クロマトを用いるとタンパク質を分解できる。

9-5 ガスクロマトグラフィー

ガスクロマトグラフィー（GC）はその名前の通り、試料を気体として分離するもので、感度、精度とも非常に高いのが特徴です。環境分析などの微量分析には欠かせない手段です。

1 ガスクロマトグラフィーの原理

図1はガスクロマトグラフィー（ガスクロ）の構造の概念図です。試料を適当な溶媒に溶かして溶液とし、注射器（マイクロシリンジ）によってガスクロの試料室に注入します。試料室は高温になっているので溶液は直ちに気体となり、搬送ガス（窒素 N_2、ヘリウム He など）によって、電気炉で高温に保たれたカラムに送られます。

カラムには吸着剤（固定相）があり、試料成分は吸着剤に吸着され、そこから遊離して搬送ガスで送られ、ということを無数回繰り返して検出器に送られます。その間に成分ごとに分離されるというものです。

2 ガスクロの性能

図2は各種の有機物の混合物を分離した例です。横軸は時間であり、試料室に注入してから検出器に検出されるまでの時間、保持時間を表します。分解能の高さは驚くばかりです。

しかも、分析に要する試料の量は無視できるほど少量でよいので、公害関係の分析にはなくてはならないものです。

しかし逆にいうと、量の多い試料の分離分析には向かない、ということであり、ガスクロによる試料の単離採集は不可能ではありませんが現実的ではありません。

3 ガスマス

試料分子の分子量や、その分子が分解してできたイオンの分子量（式量）を計る機器分析装置に質量スペクトル（マススペクトル、MS）があります。MS が測定のために要する試料量も極少ですみます。そこで、ガスクロで分離した試料を直接 MS に送って測定するガスマス（GCMS）があります。

これを用いると、成分分子の構造決定に役立つ情報を直ちに入手することが可能となります。

図１　ガスクロマトグラフィーの構造

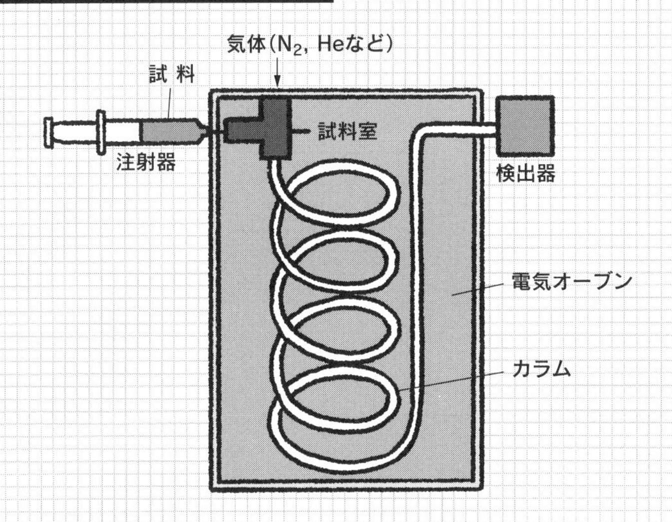

図２　ガスクロマトグラフィーによる混合物の分離例

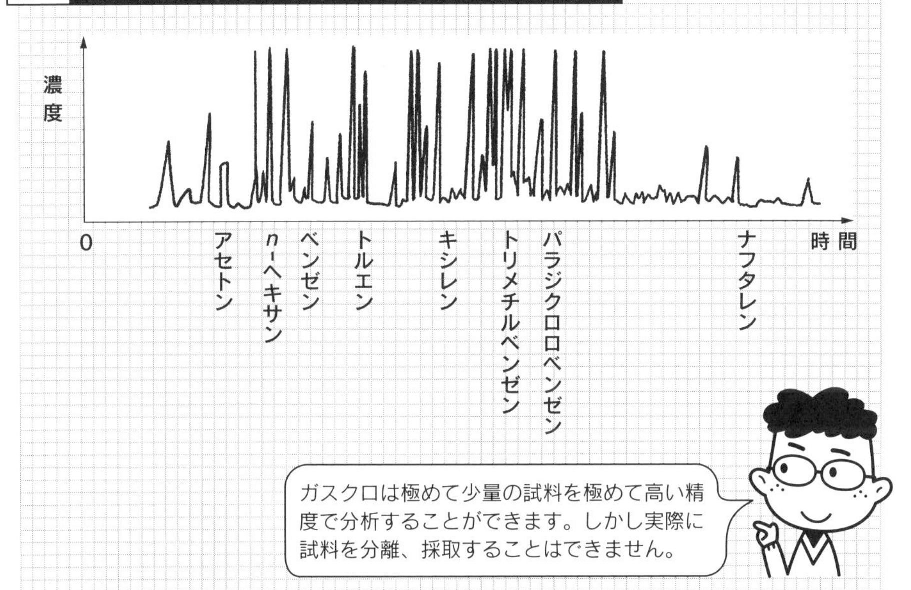

- ◉試料をガス化して分離する分析器をガスクロマトグラフィー（ガスクロ）という。
- ◉ガスクロは試料量が少なくてよく、しかも感度、精度がよい。
- ◉ガスクロとマススペクトルを合体したガスマス（GCMS）もある。

第10章
機器分析

電気、電子、光、磁気、超電導などを用いて試料の構造や濃度などを測定、決定することを機器分析といいます。この分析には現代科学の最先端をいく知識と技術が総動員されています。

分子のエネルギー準位

分析機器を用いた分析を機器分析といいます。高速液クロやガスクロも分析機器ですが、ここでは分光分析機による分析を扱うことにします。分光分析機というのは光をプリズムによって波長ごとに分解（分光）し、その光成分と分子の相互作用（吸収、発光）を測定する装置です。

1 原子軌道と分子軌道

原子を構成する電子はs軌道やp軌道などの原子軌道に入っています。原子軌道にはそれぞれ固有のエネルギーがあります。これと同様に分子を構成する電子は固有のエネルギーを持つ分子軌道に入ります。

基準になるエネルギーαより低い軌道を結合性軌道、高い軌道を反結合性軌道といいます。電子は1個の軌道に2個まで入ることができます。電子の入っている軌道のうち最高エネルギーの軌道を最高被占軌道（HOMO）、電子の入っていない軌道のうち最低エネルギーの軌道を最低空軌道（LUMO）といいます。

2 電子遷移

電子が軌道の間を移動することを電子遷移といいます。基底状態にあるHOMOの電子がHOMOとLUMOのエネルギー差ΔEに相当するエネルギーを受け取ると、電子はLUMOに遷移します。この状態を励起状態といいます（図1）。反対にLUMOの電子がHOMOに遷移するとΔEが放出して元の基底状態に戻ります。

3 光エネルギー

ΔEの大きさは光エネルギーに相当します。光は電磁波であり、振動数ν（ニュー）と波長λ（ラムダ）を持ちます。両者の積は光速cに沿うとします（式1）。光のエネルギーは振動数に比例します（式2）。ということは式1から波長に反比例することになります（式3）（図2）。

図3は電磁波を波長の順に仕切ったものです。波長400～800nmが可視光線であり、それより短いと光エネルギーの紫外線、長いと低エネルギーの赤外線となります。

分子軌道間のエネルギーΔEは紫外線領域のエネルギーであり、分子の振動、回転エネルギーは赤外線領域となります。

図1 電子遷移

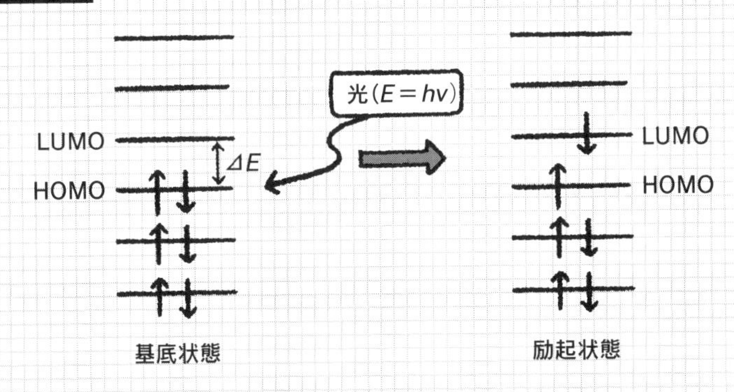

図2 光のエネルギー

$$c=\lambda v \quad \cdots\cdots (1)$$

$$E=hv \quad \cdots\cdots (2)$$

$$=\frac{ch}{\lambda} \quad \cdots\cdots (3)$$

h：プランクの定数

図3 光エネルギーと電磁波の波長

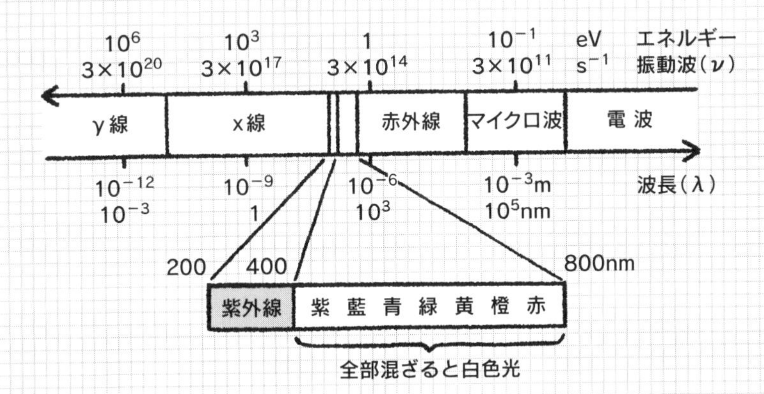

◉分子の電子は固有のエネルギーを持った分子軌道に入る。
◉分子軌道には HOMO と LUMO がある。
◉電子は光エネルギーを使って軌道間を遷移することができる。

10-2 紫外可視吸収スペクトル

紫外線（ultraviolet）や可視光線（visible light）の吸収を測定したスペクトルを紫外可視吸収スペクトル、UV スペトルといいます。

1 UV スペクトルの原理

分子の溶液に可視光線や紫外線を照射すると分子の HOMO の電子がそれを吸収して LUMO に移動し、励起状態となります。

図１は UV スペクトルのグラフ（チャート）です。横軸は波長 λ、縦軸は吸光度 A です。吸光度の最も大きいところを極大吸収、その波長を極大吸収波長といいます。極大吸収波長は分子の共役二重結合の長さを反映するので、分子構造の決定に重要なデータとなります。

吸収極大の吸光度 A は試料の濃度によって変化するので、標準濃度における濃度を測定します。それをモル吸光係数 ε（ウプシロン）といいます。

2 試料成分の同定

極大吸収波長とモル吸光係数は分子に特有の値です。したがって、UV スペクトルを計れば溶液中の分子の種類を同定できることになります。とはいうものの、分子の種類は無数にあり、したがって似た極大波長やモル吸光係数を持つ分子はいくらでもあります。

したがって、これだけで分子の同定は無理ですが、実験によっては試料中に存在する可能性のある分子種を何種類かに絞ることができることがあります。そのような場合には、十分に同定の役に立たせることができます。

3 試料濃度の測定

濃度未知試料の吸収極大における吸光度を A とし、試料容器の中を通る光路の長さ（測定容器の幅）を l、試料溶液のモル濃度を x とするとランベルト・ベールの式１が成立することが知られています。これを変形すると、濃度は式２で求められます（図２）。

すなわち、ε さえわかれば、試料の濃度はいとも簡単にわかってしまうのです。

図1 UVスペクトルのグラフ

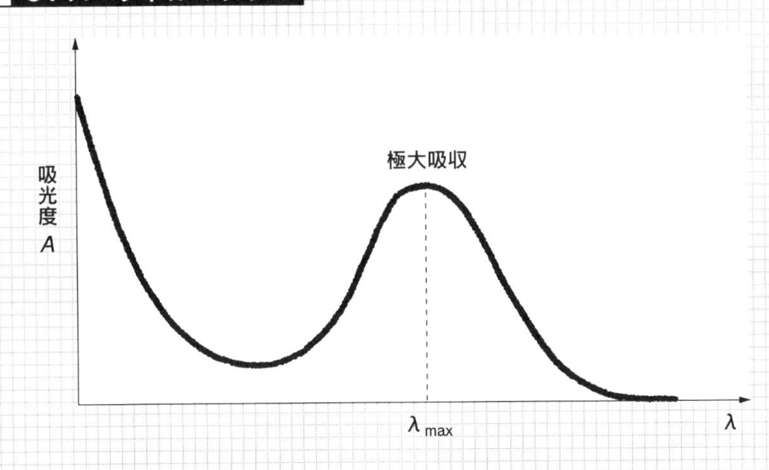

図2 UVスペクトルによる試料濃度の測定

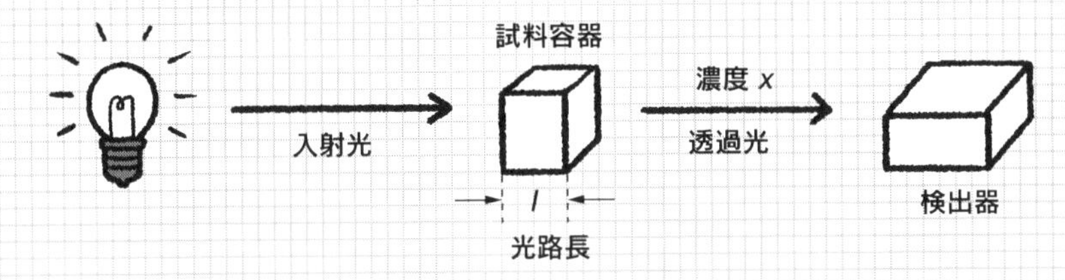

$$A = \varepsilon x l \quad \cdots\cdots (1)$$

$$x = \frac{A}{\varepsilon l} \quad \cdots\cdots (2)$$

モル吸光係数 ε、濃度 x、光路長 l の積は吸光度 A に等しいです。したがって濃度 x は式（2）によって与えられます。

◉UVスペクトルは紫外線、可視光線の吸収を測定したものである。
◉極大吸収波長とモル吸光係数を用いて分子を同定できる。
◉吸光度とモル吸光係数を用いて試料溶液の濃度を決定できる。

原子吸光分析

原子吸光分析は原子が吸収する紫外線の波長と吸収強度を測定するものです。これによって試料中に存在する原子の種類とその濃度を知ることができます。

1 原子吸光分析の原理

この分析では試料を高温で燃焼して原子の気体にします。つまり、試料溶液を霧にして高温のバーナーに吹きつけて燃やすか、あるいは固体試料を電熱器で高温に加熱して燃やして気体にします。この気体に紫外線を照射し、吸収された紫外線の波長と強度を測定するのです（図１）。

2 原子の同定

原子の電子は軌道に収容され、軌道のエネルギーは精密に決まっています。したがって原子が吸収する紫外線の波長幅（線幅）は非常に狭く、線状になります。原子の電子は何個もあり、遷移できる軌道も何個もあるので、原子の吸収スペクトルは何本もの線スペクトルのセットとなります。

自然界に存在する原子（元素）の種類は90種類ほどに過ぎず、それらのスペクトルは詳細に調べ尽くされています。したがって、試料のスペクトルをこれらの標準スペクトルと比較すれば、試料中に存在する原子の種類はたちどころに明らかになります。

3 試料濃度の測定

濃度の測定には検量線を用います。検量線による濃度決定は分析化学ではよく用いられる手段です。

つまり、濃度を正確に調整した標準試料を何種類か用意します。これらの試料を測定して吸光度を計り、濃度と吸光度の関係をグラフに記録します。これが検量線です。

次に濃度未知の試料を測定して吸光度を計ります。この吸光度の数値を検量線のグラフに当てはめれば濃度が決まるというしくみです。

図1 原子吸光分析の原理

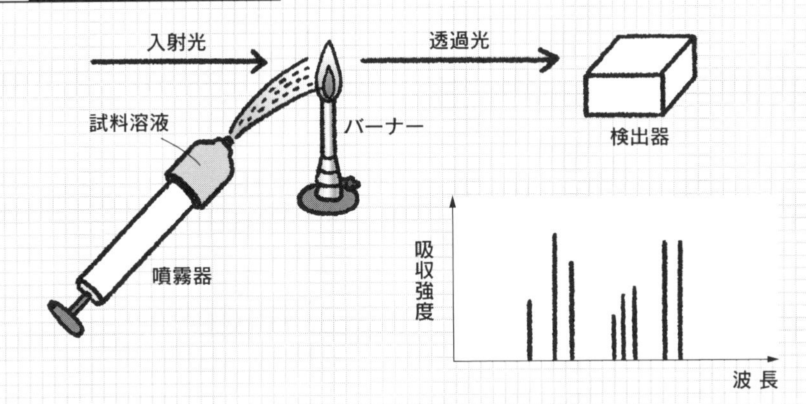

図2 強い吸収線

元素	波長［nm］	元素	波長［nm］
Au	242.8	Hg	253.7
Ag	328.1	Mg	285.2
Al	309.3	Pb	283.3
Cu	422.7	Sn	224.6
Fe	248.3	Zn	213.9

図3 原子吸光分析による試料濃度の測定

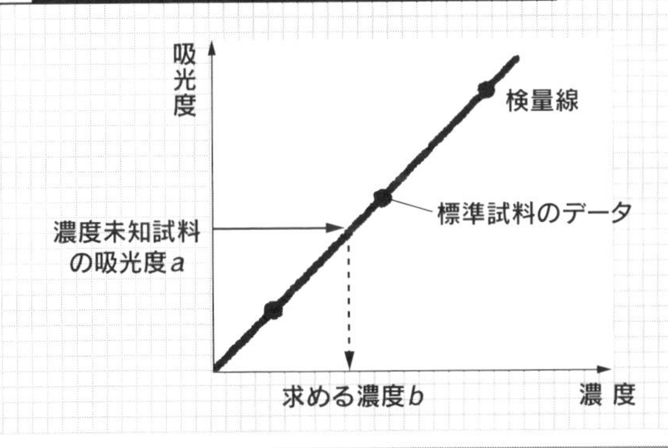

濃度既知の標準試料を用いて検量線を作ります。濃度未知試料の吸光度 a をこの検量線に当てはめれば、その濃度 b を知ることができます。

- ◉原子吸光スペクトルは試料を燃やして原子の霧として紫外線吸収を測定する。
- ◉原子吸光スペクトルは原子の同定と濃度決定ができる。

10-4 赤外線吸収スペクトル

赤外線（Infrared）の吸収を測定したスペクトルを赤外線吸収スペクトル、IR スペクトルといいます。IR スペクトルは分子が持つ官能基の種類を教えてくれるので、特に有機化学には欠かせません。

1 IR スペクトルの原理

分子はいろいろのエネルギーを持っています。先に見た軌道に入った電子の持つ電子エネルギーもありますし、原子核が持つ核エネルギーもその一つです。

非常に小さいエネルギーとして分子を構成する原子の結合距離や角度が変化する伸縮振動や変角振動、あるいは結合回転など運動エネルギーがあります。これらのエネルギーは電磁波でいうと赤外線のエネルギーに相当します。

分子に赤外線を照射すると、分子はそのエネルギーを吸収して分子運動を一段と激しくします。このときに吸収するエネルギーは置換基といわれる原子団に固有の値となり、特性吸収と呼ばれます。そのため、IR スペクトルを測定すると置換基の存在がわかり、構造決定に重要な知見となります（図１）。

2 分析

IR スペクトルのうち、長波長部（低波数領域）には特性吸収はありません。しかし、この領域の吸収のパターンは非常に複雑であり、しかも分子に固有のパターンなので、特に指紋領域と呼ばれます。

そのため、製品管理において目の前を流れる製品の IR スペクトルを測定し続け、指紋領域に変調のあるものを除くという用法が開発されています。

IR スペクトルで定量分析をしようとする場合には、先に見た検量線を利用することになります（図２）。

分子の対称性によっては、IR スペクトルに表れない吸収（遷移）もあります。このような IR スペクトルにおける禁制遷移を記録してくれるのがラマンスペクトルです。ラマンスペクトルは赤外線の吸収ではなく、散乱を測定したものです。一方、ラマンスペクトルの禁制遷移は IR スペクトルに現れ、両者は相補的な関係にあります。

図1　IRスペクトルの原理

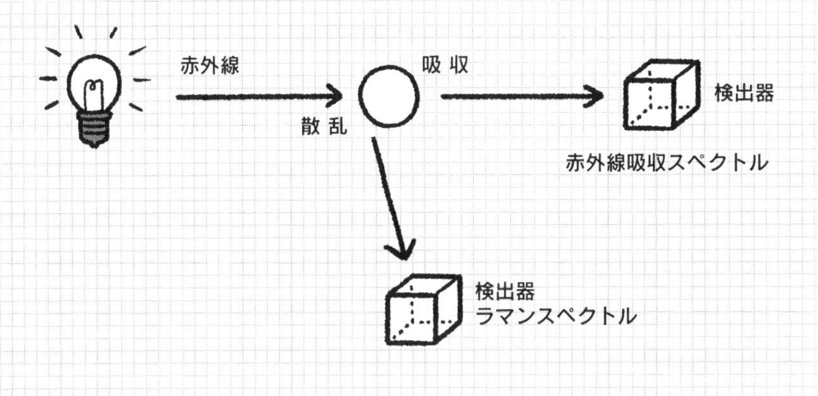

図2　IRスペクトルによる定量分析例

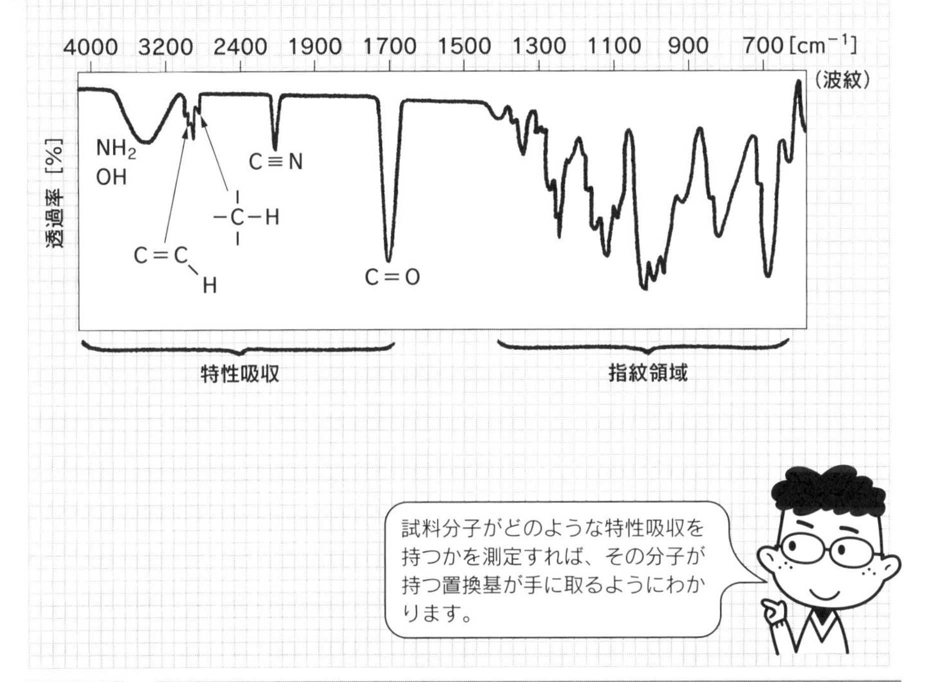

◉IRスペクトルは赤外線の吸収を測定したものである。
◉IRスペクトルの指紋領域は分子に固有であり、品質管理に役立つ。
◉IRスペクトルで定量するには検量線を用いる。

核磁気共鳴スペクトル

分子を強力な磁場におき、水素や炭素など特定の原子の吸収エネルギーを計るスペクトルを核磁気共鳴（NMR）スペクトルといいます。NMR スペクトルは分子構造決定、波長測定などに欠かせません。しかし、高価なのが欠点です。

1 NMR スペクトルの原理

原子核は電子と同じように自転しています。原子を超伝導磁石などの強力な外部磁場に入れると、自転の方向を磁場に合わせて安定化する原子と、自転方向を反対にして不安定化する原子に分かれます。安定化した原子に不安定化した原子とのエネルギー差に等しい ΔE を照射すると、不安定化した原子になります（図 1 ）。

ΔE は外部磁場の大きさに比例すると同時に、原子核の周りに存在する電子雲の厚さに影響されます。電子雲が厚ければ、それだけ外部磁場の影響を受けにくくなり、ΔE が小さくなるのです。ということは、その原子の分子内における位置、結合関係などが NMR スペクトルに反映することになります。

このようなことから、NMR スペクトルは特に水素 H、炭素 C の結合状態に関して重要な情報を与えてくれ、特に有機化合物の構造決定になくてはならないスペクトルとなっています。

NMR スペクトルは構造決定における最重要スペクトルですから、分子の同定に使われることはいうまでもありません。

2 積分強度

水素原子核を計った ^{1}HNMR、プロトン NMR では、スペクトルに表れたシグナルの面積は水素原子の個数に比例するという、信じられないほど単純な比例関係があります。構造がわかっている成分に関しては、この法則を適用すれば相対的な濃度関係は一目瞭然です。

図 2 はアセトン $(CH_3)_2CO$ とジメチルエーテル $(CH_3)_2O$ の混合物の NMR スペクトルです。アセトンの水素のピークは3.5ppm に表れ、ジメチルエーテルのピークは2.4ppm に表れます。階段状の線は積分曲線であり、各ピークの面積の相対強度を表します。それによれば両者の面積比は 1 ： 3 です。これはこの溶液に含まれるアセトンとジメチルエーテルの濃度比が 1 ： 3 であることを示すものです。

図1 **NMRスペクトルの原理**

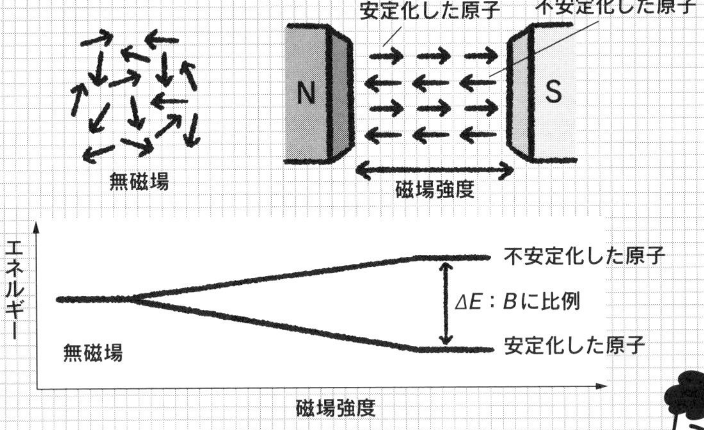

安定化した原子
不安定化した原子
N
S
無磁場
磁場強度

エネルギー
不安定化した原子
ΔE：Bに比例
安定化した原子
無磁場
磁場強度

原子を強い磁場に入れると、安定化した原子と不安定化した原子に分かれます。

図2 **積分強度**

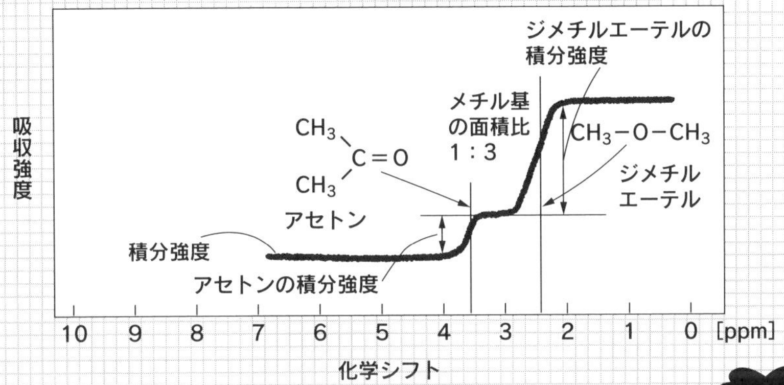

ジメチルエーテルの積分強度
メチル基の面積比 1：3
CH_3-O-CH_3
ジメチルエーテル
CH_3 $C=O$ CH_3
アセトン
吸収強度
積分強度
アセトンの積分強度
10　9　8　7　6　5　4　3　2　1　0 [ppm]
化学シフト

アセトンとジメチルエーテルでは、それぞれのメチル基 CH_3 は異なった位置にピークを示します。したがって両ピークの面積を積分強度で比較すれば、混合物における両者の比がわかります。

- ◉試料を強力な磁場に入れて測定したのがNMRスペクトルである。
- ◉NMRスペクトルの同定能力は非常に高い。
- ◉定量分析に使えないことはないが、精度は高くはない。

〔参考文献〕

絶対わかる化学の基礎知識　齋藤勝裕　講談社（2004）
やさしい分析化学　　齋藤勝裕　講談社（2006）
絶対わかる分析化学　齋藤勝裕、坂本英文　講談社（2007）
大学の分析化学　齋藤勝裕、藤原学　裳華房（2008）
へんな金属すごい金属　齋藤勝裕　技術評論社（2009）
レアメタルのふしぎ　齋藤勝裕　SBクリエイティブ（2009）
分析化学　齋藤勝裕　オーム社（2010）
化学　溶液の性質　齋藤勝裕　羊土社（2010）
マンガでわかる元素118　齋藤勝裕　SBクリエイティブ（2011）
元素がわかると化学がわかる　齋藤勝裕　ベレ出版（2012）
周期表に強くなる　齋藤勝裕　SBクリエイティブ（2012）
わかる反応速度論　齋藤勝裕　三共出版（2013）
高校化学超入門　齋藤勝裕　SBクリエイティブ（2014）
マンガでわかる無機化学　齋藤勝裕　SBクリエイティブ（2014）
知られざる鉄の科学　齋藤勝裕　SBクリエイティブ（2016）
やりなおし高校化学　齋藤勝裕　筑摩書房（2016）
数学フリーの「物理化学」　齋藤勝裕　日刊工業新聞社　（2016）
数学フリーの「化学結合」　齋藤勝裕　日刊工業新聞社　（2016）

【著者紹介】

齋藤　勝裕（さいとう　かつひろ）
1945年生まれ。1974年東北大学大学院理学研究科化学専攻博士課程修了。
現在は愛知学院大学客員教授、中京大学非常勤講師、名古屋工業大学名誉教授などを兼務。
理学博士。専門分野は有機化学、物理化学、光化学、超分子化学。
著書は「絶対わかる化学シリーズ」全18冊（講談社)、「わかる化学シリーズ」全14冊（オーム社)、『レアメタルのふしぎ』『マンガでわかる有機化学』『マンガでわかる元素118』（以上、SB クリエイティブ)、『生きて動いている「化学」がわかる』『元素がわかると化学がわかる』（以上、ベレ出版)、『すごい！iPS 細胞』（日本実業出版社)、『数学フリーの「物理化学」』『数学フリーの「化学結合」』『数学フリーの「有機化学」』『数学フリーの「高分子化学」』（以上、日刊工業新聞社）など多数。

数学フリーの「分析化学」　NDC 433

2017 年 2 月 21 日　初版 1 刷発行　（定価はカバーに表示してあります）

©　著　者　齋藤　勝裕
発行者　井水　治博
発行所　日刊工業新聞社
〒 103-8548
東京都中央区日本橋小網町 14-1
電　話　書 籍 編 集 部　03（5644）7490
販売・管理部　03（5644）7410
F A X　03（5644）7400
振替口座　00190-2-186076
U R L　http://pub.nikkan.co.jp/
e-mail　info@media.nikkan.co.jp
印刷・製本　美研プリンティング㈱

落丁・乱丁本はお取り替えいたします。　2017 Printied in Japan

ISBN978-4-526-07665-7　C3043